今日から
モノ知り
シリーズ

トコトンやさしい
電車の本

電車の高速化、安全な運行、そして快適な乗り心地やサービスはさまざまな技術に支えられています。誕生から130年以上かけてきた技術の集大成なのです。技術開発への探求は尽きることなく、電車は進歩し続けています。

青田　孝

B&Tブックス
日刊工業新聞社

はじめに

日本は世界に冠たる電車王国です。列島の総延長約2万㎞の鉄路うち、電化されている6割強の路線上を走る列車は、極一部を除けば、すべて電車ばかり。寝台特急・ブルートレインに代表される、機関車が客車を牽引する姿はいまや、定期列車では見ることはできません。

電車の定義は、電気を動力源とし、旅客や貨物を乗せる設備を持つ車両です。しかし、すべての車両が動力（モーター）を持つわけではありません。動力を持たない、運転室付きの先頭車両や、中間車両も電車の範ちゅうに入ります。また、モノレール、新交通システム、そしてトロリーバスも電車の仲間になります。

その電車、ヨーロッパで誕生しました。1883（明治16年）年にドイツのベルリンで路面電車が定期運行。これが世界初です。日本ではこれから遅れること12年、京都電気鉄道が1895（明治28）年、初めて京都市電の営業を開始しています。それから120年余、なぜ日本が世界に突出した「電車王国」となったのでしょうか。

まず挙げられるのが線路を支える路盤の弱さです。明治の急速な近代化のかけ声とともに敷設された路線は、元々が軟弱な地盤の上に突貫工事で作られました。このため線路に与える負荷は限られ、1軸あたりの重量（軸重）が過大となる「動力集中」方式の蒸気機関車や、電気機関車を大型化することには限界がありました。より高速化するためには、モーターを各車に搭載した「動力分散」方式の電車を採用せざるを得ませんでした。

さらに、人口が集中する都市部では、運行密度を高めることが要求されます。しかし狭い国土は駅の拡張もままならず、機関車が牽引する列車の折り返し時に、機関車を前後に付け替える「機回し線」の用地確保も困難なところが多く、それを必要としない電車が重宝されました。また、駅間も短く、曲線、勾配など速度制限区間も多いため、機関車が牽引する列車より、加減速性能に優れた電車が好まれました。

「王国」を決定づけたのは、1964(昭和39)年の東海道新幹線の開業です。当時、世界的には、鉄道そのものが斜陽産業とみなされていた中で、営業速度時速200km以上、しかも電車による偉業達成に世界は一様に驚き、なかでも一番敏感に反応したのはフランスでした。1955年(昭和30)年には、電気機関車が牽引する列車で、時速331kmと当時の世界最高速度を記録しているものの、鉄道そのものに限界を感じ、ガスタービン車などの研究に軸足を移していました。それだけに、日本の成功に相当の衝撃を受けたようです。フランスはその後、技術者が来日し新幹線はもちろん、当時の狭軌における世界最高の時速145kmを記録した小田急電鉄のロマンスカー・3000形SE車までをも含め、徹底的に研究し、17年後の1981年(昭和56)年、TGVの営業運転を開始。その最高速度は時速260kmで、当時の新幹線の営業最高速度を上回り世界の注目を集めました。これにドイツのICEが続くなど、ヨーロッパの本格的な高速鉄道時代の幕が切って落とされました。

それでも欧米ではまだ、電気、ディーゼルなどの機関車が牽引する動力集中方式が主流です。地盤が強固な線路、広い土地などの好条件が機関車の大型化を支えています。また、国際列車が当たり前のヨーロッパでは、各国で電化方式が異なることもままあります。そんな場合、国境で先頭の機関車を交換すれば、簡単に乗り入れができるため、長距離列車の電車化はなかなか進みませんでした。この中で、日本と同じ、勾配や急曲線が多いイタリアは、1930年代半ばから高速電車の開発を進めてきました。

そのヨーロッパで、ここに来て変化の兆しも表れています。近郊列車はいまや電車が主流です。さらに最高速度が時速200㎞以上の高速列車も、ドイツの「ICE」が、それまでの「動力集中」方式から電車に切り替えています。イギリスとフランスを結ぶユーロスター、そしてロシアの、モスクワ〜サンクトペテルブルク間を結ぶ「サプサン」も、それぞれドイツのICEと同じシーメンス製の電車を採用しています。さらに頑なに「動力集中」方式を貫いたフランスの「TGV」も、製造元の、フランスのアルストムが「動力分散」方式の「AGV」を開発するなど、電車化への波は徐々に浸透しつつあります。この要因の1つに直流モーターより小型で軽く、保守・管理が楽な交流モーターの普及があります。

電車は、見かけはシンプルですが、意外に奥が深い。本書はその歴史から、動く仕組み、車内、そして電車を取り巻く駅の設備やサービス、さらには運行を支える保線関連まで、限られた紙幅のなかではありますが、トコトン解説します。

最後になりましたが、日刊工業新聞社出版局の土坂裕子さんに企画段階から執筆、構成までお世話になりました。この場を借りて御礼申し上げます。

2019年7月　　青田　孝

目次 CONTENTS

第1章 電車の歴史

第2章 どうやって動くの？

第3章 どうやって止めるの？

第4章
線路は続くよ

第5章
乗り心地

第6章 乗ったり、降りたり

第7章 電車のあれこれ

第1章

電車の歴史

1 電車による営業運転、世界初はベルリン

普及の要は、狭い国土や急勾配

電車とは電気で動く鉄道車両のうち、自身の車両に旅客や貨物を載せる設備を持つ車両の総称です。そのうち、動力（モーターなど）を持つ電動車と、動力を持たず電動車に牽引される付随車に分かれます。

モーターを駆動する電力はパンタグラフなどの集電装置で外部から取り込む方式と、車載の蓄電池から供給する方式があります。しかし、車上の内燃機関（エンジン）で発電機を稼動させた電気で動く車両は、電気式気動車と呼ばれ電車には含まれません。

世界初の電車はドイツで生まれました。1879（明治12）年、同国のヴェルナー・シーメンスがベルリン工業博覧会で、人が乗った客車を牽引して走らせたのが、世界最初の電車といわれています。ちなみにベルリンのドイツ技術博物館で今も見ることができます。

そのベルリンで1881（明治14）年、路面電車が運行を開始します。これが世界最初の電車による営業運転といわれています。

その後、1883（明治16）年にフランスとイギリスで、そして1895（明治28）年にはアメリカと続きますが、欧米、特にヨーロッパ各国では、電車はあくまで近距離用か路面電車が中心で、長距離や主要路線は、機関車の牽引する列車が主体でした。また、20世紀初頭のアメリカでは、都市間電気鉄道（インターアーバン）が各都市間を結んでいましたが、急激な自動車時代の到来で、ほとんどが廃止されてしまいました。

その中で、イタリアが1930年代半ばから高速電車の開発に力を注ぎ、1936（昭和11）年には本格的な長距離高速特急形電車を開発しています。オランダでも、電車によるインターシーティ網が全土に張り巡らされていきます。

半島国家・イタリアは勾配や急カーブの多い路線が多く、またオランダも狭い国土は鉄道には厳しい環境です。大陸でも日本に近い地理的条件にある国が、日本同様、電車の普及が進む結果となりました。

要点BOX

- 電車は集電装置を持たない。蓄電池搭載も
- ヨーロッパでは、近距離用として発達
- アメリカでは自動車に駆逐された

世界初の「電車」

6人が座れるベンチ車を3両引いて300mのループ線を時速6~7kmで走りました（電気の歴史）。

千葉県立現代産業科学館に展示されているレプリカ。

2 日本初の営業運転は古都・京都

琵琶湖疏水の水力発電を活用

日本で最初に電車が走ったのは1890（明治23）年、当時の電力会社、東京電燈がアメリカから2両購入し、同年4月1日から4カ月間、上野公園で開かれた第2回内国勧業博覧会での展示運転でした。

それから5年、1895（明治28）年に、日本最初の一般営業用の電車が京都で開業します。この背景には東京への遷都がありました。天皇のお膝元という地位を失い、市民の間では街が廃れるのでは、と心配する思いがあり、行政は政府からの下賜金を原資に琵琶湖疏水を計画。この水を使った水力発電所も同時に建設されました。しかし当時はまだ一般家庭で電灯を使うこともなく、さらに工場なども電気に対する設備は整ってはいませんでした。そこで電力の唯一の使い道として路面電車が考え出されました。交通の便を考えてというよりは、電力の使い道として日本初の営業運転がはじまったわけです。

初の路線は市南部の伏見から京都駅前付近まで。その後、駅前から高瀬川沿いを北上、二条で鴨川を渡り東の岡崎まで延長。1978（昭和53）年に廃止されるまでに、路線の総延長は68・8kmになりました。

開業当初は電車に慣れない通行客が事故にあわないようにと、電車の前を少年が走り「電車、来まっせ。電車、来まっせ」と声を枯らしたといいます。この少年が、電車にひかれる事故も発生。黎明期ならではの悲劇なのでしょう。

実は現在の箱根登山鉄道が日本最初の電車営業になる可能性がありました。1881（明治14）年、馬車鉄道として開業した同線は、博覧会での電車に刺激され電車化を計画しました。しかし当時は監督官庁もはっきりせず、申請書類がたらい回しにされている中で、京都に先を越されたようです。結局、箱根の申請が認められたのは5年後の1900（明治33）年で、日本で4番目の電車による営業運転となりました。

要点BOX
- ●日本初はアメリカから購入した2両
- ●遷都の不安が生んだ副産物
- ●監督官庁の不備が狂わした順番

開業当時の京都電気鉄道

（京都市提供）

運転台は客室の外にあり、電気はトロリーポールから取り入れていました。愛知県犬山市の博物館明治村に明治時代の車両が動態保存されています。

日本の電車発祥の地

七条停車場（京都駅）

（京都市歴史資料館提供）

（京都市歴史資料館提供）

伏見町下油掛

用語解説

琵琶湖疏水：1885（明治18）年着工。大津市観音寺から京都市伏見区堀詰町までの約20㎞の水路を「第１疏水」と呼び、第２疏水、疏水分線などから構成される。

3 イギリス・マン島に現存する126歳の電車

世界唯一の「フェル式」鉄道も健在

人に寿命があるように、電車の一生にも限りがあります。通常は製造から15年で大幅更新し、さらに15年使い、卒業となります。しかし日本の電車は保守・整備が良好なため、中古車の人気も高く、全国の中小私鉄、さらには東南アジアを中心とした海外でも広く活用され、50年以上使われる場合もあります。その中で人間も100歳を超える人がいるように、長寿の電車もあります。その極めつけが、イギリス・マン島のマンクス電気鉄道と、スネーフェル電気登山鉄道です。

マンクス電気鉄道は1893（明治26）年に開業。島の中心部、ダグラスから同北部のラムジーまでの27・4㎞を結ぶ路線で、軌間は914㎜（3フィート）です。そこを走る電車は1、2号車が開業時から使われていますから御年126歳になります。最も新しい電車も1906（明治39）年製で113歳です。しかしいずれもバリバリの現役で、坂の多い市街地を苦もなく走り抜けています。

同鉄道の中間駅・ラクセーと、標高621mのスネーフェル山頂間8・9㎞を結ぶのがスネーフェル電気登山鉄道です。軌間は1067㎜。2本のレールの中央にもう1本レールが敷かれ、これをフェルトを巻いた回転軸で挟み、山を下る時の補助ブレーキとして活用する、世界最古で、唯一残るフェル式鉄道でもあります。

開通は1895（明治28）年で、車両は開業時から使われている5両と、1971（昭和46）年製の1両の計6両です。

古いものを残すのは大切なことです。しかし鉄道車両は、技術の進歩でエネルギー効率も良くなるなど、新しい車両は省エネ効果もあります。さらに時間の経過とともに保守・整備にも時間を要し、故障なども多くなりがちです。こうした負の面を克服して生き残った電車は、貴重な遺産ともいえます。

要点BOX

- ●負の面を克服した、貴重な遺産
- ●通常の車両は、30年前後で引退
- ●中小私鉄からアジアまで人気の日本の中古車両

スネーフェル登山鉄道

世界最古で、唯一のフェル式鉄道。屋根の上の巨大なピューゲルもここならではのものです。

マン島の鉄道網

ダグラス馬車鉄道は1876（明治9）年開業。現在も夏の間だけ海岸通りを馬1頭に引かれ行き来しています。マン島蒸気鉄道は1874（明治7）年開業。ダグラスから南部港町ポートリエンまでの25.6kmを蒸気機関車が約1時間で結んでいます。

マンクス電気鉄道

2両編成の時が多く、後ろに屋根付きのオープンカー（トロッコ）が連結されています。

4 都市交通への進出

国鉄初の電車は飯田町～中野間

同じ線路の上を走っても、日本では鉄道と軌道は法律上は別物です。例外も多々ありますが、原則、専用の敷地に敷設されたものが鉄道、道路に敷設されたのが軌道と呼ばれます。今は国土交通省になり監督官庁は一緒ですが、以前は鉄道は運輸省、軌道は建設省の管轄でした。

今では鉄道が主流ですが、黎明期は軌道からはじまりました。京都を皮切りに名古屋電気鉄道、大師電気鉄道、小田原電気鉄道、豊洲電気鉄道、江乃島電気鉄道、宮川電気鉄道と続き、東京でも民営会社による路面電車が開業、1903（明治36）年には大阪市が初めて市直営の市電の運行を開始しています。

路面電車が普及すると、鉄道も駅間距離が短い区間などで、蒸気機関車に代わって電車を導入しようと考えるようになります。さらに並行して走る路面電車に乗客を奪われ、その対策も必要でした。

御茶ノ水を起点に飯田町（1999年廃止）、新宿を経由し八王子まで結んでいた甲武鉄道が1904（明治37）年、飯田町～中野間を電化、初めて鉄道路線に電車を投入しました。全長10mの2軸車両ながら統括制御システムを装備。路面電車が連結運転する時はそれぞれの車両に運転士が乗らなければならないのに対し、甲武鉄道は先頭の運転台で運転士が全車両を統括できるなど、郊外電車としての機能を保持していました。ちなみにこの時使われたデ963は、さいたま市の「鉄道博物館」で保存展示されています。さらに甲武鉄道は1906（明治39）年に国に買収されたため、同区間が国鉄初の電化区間で、現在の中央本線の一部になりました。

その後、阪神電気鉄道が軌道ながら、日本の電車では初めて台車が2つ付いたボギー車を採用し、車体の大型化で大量輸送に成功。以後、京浜電気鉄道、京阪電気鉄道、大阪電気軌道など、後に大手私鉄となる路線が、続々と電車を採用していきます。

要点BOX
- ●電気鉄道の普及に貢献した軌道路
- ●複数車両連結も統括制御で運転士は1人

大師線（関東初の電車軌道）

（京急電鉄提供）

1899（明治32）年、六郷橋〜川崎大師間で営業を開始した大師電気鉄道（京濱電気鉄道沿革史）。

甲武鉄道　デ963

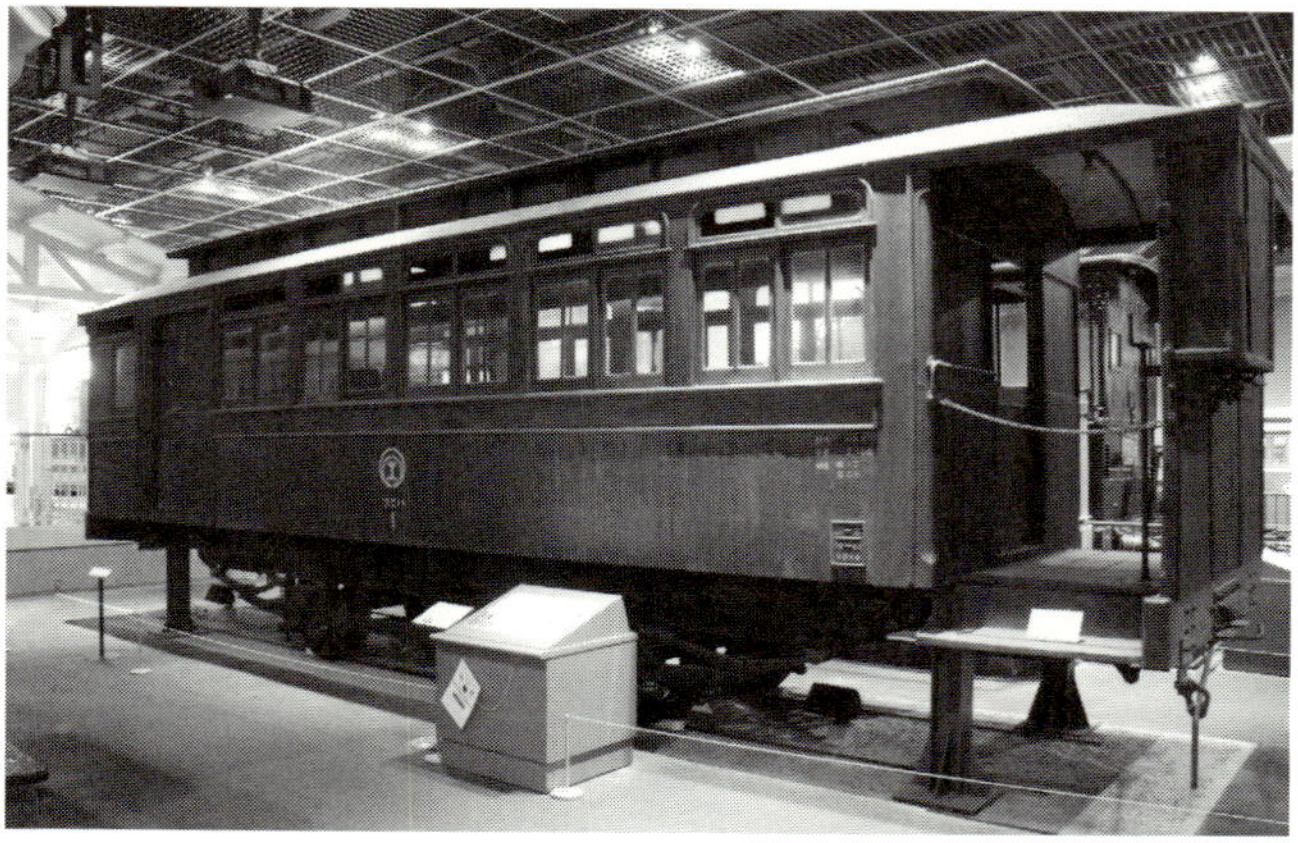

（鉄道博物館にて）

甲武鉄道の電化と同時に26両製造されたうちの1両です。後に電装部品をはずし、信濃鉄道（現JR大糸線）でロハフ1、松本電気鉄道でハニフ1にそれぞれ改称され、1948（昭和23）年まで使われました。

5 狭軌における世界新記録145km／h

小田急が国鉄の技術を借りての偉業

鉄道の歴史はまた、高速化への挑戦の歴史でもあります。車両がお金を生み出す元となる鉄道は、車両の速度が上がり、早く走れば走るほど、効率良く乗客をたくさん運べて、高収入につながります。

東京と神奈川県の箱根を結ぶ、小田急電鉄も新宿〜小田原間（82・5km）を60分で結び、乗客の利便性を図るとともに、運用効率を高めるのが、終戦直後からの夢でした。そのためには表定速度（発駅から着駅までの停車時間を含む所用時間で、運転距離を割った数値）82・5kmで走れる車両が必要です。

現代は在来線でも表定100kmを超す列車はありますが、終戦当時は、1933（昭和8）年に運行を開始した阪和電気鉄道（現在のJR阪和線）の「超特急」が阪和天王寺〜東和歌山間61・2kmを45分で結んだ、同81・6kmが戦後の国内最高です。この記録を上回ったのは1959（昭和34）年に東京〜大阪間553・7kmを6時間40分、同83・46kmで走りはじめた電車特急「こだま」で、その間26年かかりました。

小田急はこれまでの固定観念を捨て一から開発をはじめ、さらに日本では異例ともいえる、民間の鉄道会社が国鉄の鉄道技術研究所に新車の開発を依頼しました。高速電車の構想はあるものの、さまざまな事情で実車化が困難だった同研究所の技術者らはこれに応え、小田急の技術者と共同で、流線型、ディスクブレーキ、連接台車など、新しい技術を取り入れ、1957（昭和32）年、ロマンスカー・3000形SE車を完成させました。

同車は小田急線内で高速試験を行いましたが、曲線の多い同社線では限界がありました。そこで国鉄の線路を借り、同年9月、東海道本線の三島〜沼津間で、狭軌では当時の世界最高速度、時速145kmを達成。この成功が、後の電車特急「こだま」を生み、さらには新幹線への礎になりました。

要点BOX
- ●高速化がもたらす経営の効率化
- ●初の流線型、連接構造、ディスクブレーキ
- ●最高速度は国鉄の線路上で

ロマンスカー・3000形SE車

（小田急電鉄提供）

世界新記録達成後、沼津駅に到着した3000形＝1957（昭和32）年9月27日

145km/h達成後の狭軌における主な最高速度試験の推移

年月日	最高速度	車両	区間
1959年7月31日	163km/h	151系「こだま」	東海道本線・藤枝～島田間
1960年11月21日	175km/h	クモヤ93架線試験車	〃
1978年12月	245km/h	6E1（電気機関車）	南アフリカ・ヨハネスブルグ近郊

レールの上を
鉄の車輪が走る方式での、
これまでの最高速度は
フランス・TGV が 2007 年
4 月 3 日に記録した
574.8 ㎞ / h
なのだよ

6 電車特急で東京〜大阪間が日帰り圏内に

軽量車両が達成の鍵に

東京〜大阪間をいかに早く結ぶか。東海道本線の全通以降、国鉄にとっては最大の課題のひとつでした。1930（昭和5）年には日本初の特急「つばめ」が運行を開始し、8時間30分で結んだのを皮切りに、戦後の全線電化を受け、7時間30分まで短縮されました。しかし駅間が長く直線距離が多いヨーロッパならともかく、当時の日本では電気機関車が客車を牽引する方式では、これが限界でした。

ここに風穴を開けたのが、SE車の世界新記録でした。国鉄はSE車の高速試験のデータを基に、「軽量車両を使うことで従来の機関車牽引では実現困難だった高速サービスが可能になる」と検討結果をまとめ、同試験からわずか2カ月後の11月に東海道本線に電車特急の新設を決定します。この中で所用時間は6時間30分とすると決められました。

なぜ6時間30分なのか。それは1編成の電車が1日1往復できるからです。それまでの「つばめ」は1日走るのは片道だけで、列車は2編成必要です。1往復できれば、電車への投資は一気に半減します。さらに乗客からみれば、日帰りが可能になり、利便性が飛躍的に向上します。

1958（昭和33）年11月、日本初の電車特急「こだま」が登場。当初こそ6時間50分かかりましたが、2年後には6時間30分に短縮されます。この時使われた車両は先頭の運転台が高い「ボンネット形」と呼ばれる斬新なデザインで、その後は国鉄の昼間特急の基本的な形式となります。ちなみに「こだま」は、行って帰ることから、山の木霊(こだま)に由来しています。

颯爽と登場した「こだま」も短命に終ります。6年後には同区間を4時間で結ぶ新幹線が開通し、「こだま」もお役後免となります。しかし、電車でも長距離・高速運転が可能だということを証明したからこそ、新幹線にも電車が採用されたわけで、その意味で大きな役割を果たしたといえます。

要点BOX
- ●1日1往復でき、電車への投資は半減
- ●ボンネット形が後の昼間の特急の標準に
- ●「こだま」の成功が、新幹線成功の一助に

日本初の電車特急「こだま」

（川崎重工業兵庫工場提供）

「こだま」の成功で、それまで電気機関車が牽引していた「つばめ」「はと」も電車化。1960（昭和35）年には東京～大阪間が6時間30分に。

東京～大阪間の所要時間の変遷

1930年
特急「燕」8時間20分

1934年
特急「燕」8時間〈丹那トンネル開通〉

1956年
特急「つばめ」「はと」7時間30分
〈東海道本線全線電化完成〉

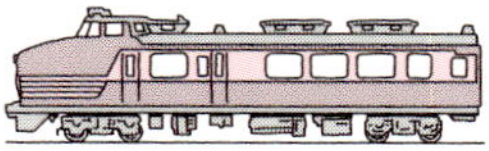

1958年
電車特急「こだま」6時間50分

1960年
電車特急「こだま」「はと」6時間30分

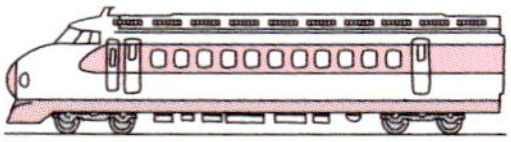

1964年
新幹線「ひかり」4時間

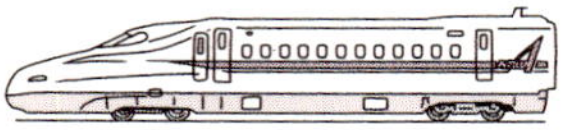

2019年
新幹線「のぞみ」2時間22分

7 煙が目にしみた、ロンドンの地下鉄

開業当初は蒸気機関車で運行

電車が最も使われている鉄道といえば、地下鉄でしょう。しかし、世界初の地下鉄は蒸気機関車が牽引していました。日本の新橋～横浜間が開通する1年前の1863年、ロンドン市内のパディントン駅からファリンドン駅間約6㎞（現在のサークル線の一部）に世界初の地下鉄が開通。しかし、1905（明治38）年に電化されるまでは、蒸気機関車を使用。駅構内は吹き抜け構造で、路線の一部は掘割でした。

1875（明治8）年には、ユーラシア大陸初の地下鉄がトルコのイスタンブールで開業。続いて1896（明治29）年にハンガリーのブダペストで本格的な地下鉄が開業。地下鉄としては世界で初めて最初から電化されていました。またイスタンブールがケーブルカー方式（21項参照）をとっていたため、ユーラシア大陸最初の地下鉄はブダペストと見る向きも多く、地下鉄としては、唯一世界遺産に登録されています。

日本を含め地下鉄を「メトロ」と呼ぶ国は多々あります。ロンドンの地下鉄を建設した「メトロポリタン鉄道」に由来するといわれています。さらに1900（明治33）年に開通したパリの地下鉄がこの「メトロポリタン」を語源に「メトロ」と呼称したことから世界的に広まったようです。これに対しロンドンは、トンネルの形状が丸いことから「チューブ」と呼ぶのが一般的です。

日本では1927（昭和2）年、浅草～上野間（現在の銀座線）が初の地下鉄で、その後、札幌から福岡まで9つの都市で建設され総延長は763・2㎞（2018年7月30日現在）です。そのうち東京は東京メトロ、都営に埼玉高速鉄道などを合わせると365・2㎞です。世界では北京の637㎞が最も長く、次いで上海、ロンドン、広州と続き、日本はニューヨークに次いで7番目の長さです。一方、一日の乗客数は長らく東京が世界最高でしたが近年、中国の伸びがめざましく、2018（平成30）年現在、東京、北京、上海が1000万人を突破しています。

要点BOX
- ●地下鉄では唯一世界遺産のブダペスト
- ●パリの呼称「メトロ」がいつしか世界へ
- ●東京の地下鉄の路線延長は世界で7番目

地下鉄を蒸気機関車が通る様子

世界の都市別地下鉄の長さ　上位10都市

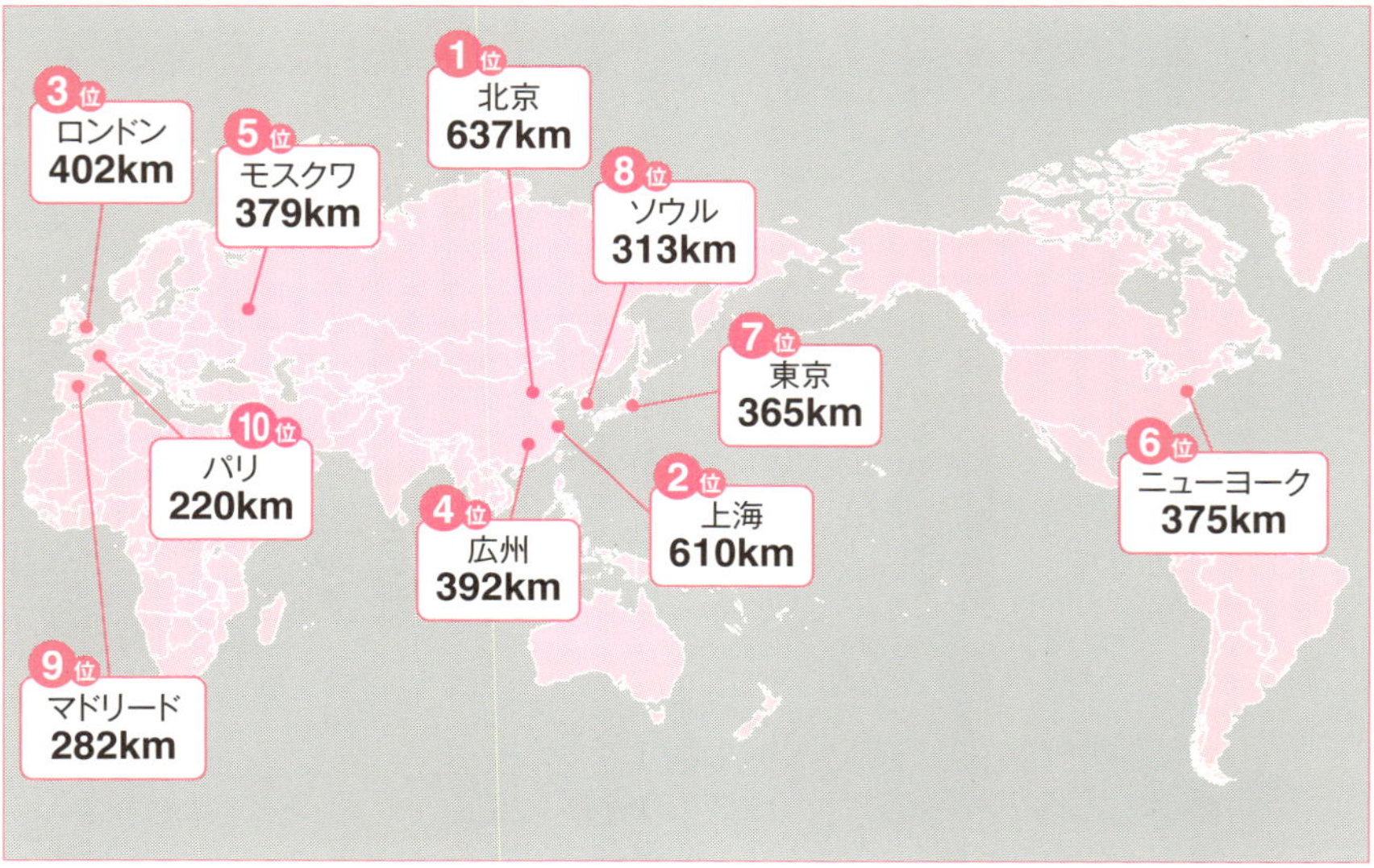

8 通勤電車を根幹から変えたモハ90

行き詰まった都市近郊輸送の緩和に貢献

「フジヤマ」「ゲイシャ」「ラッシュアワー」とは、一時期、日本を代表する言葉でした。それほど日本のラッシュアワーは有名で、外国人が日本で体験したいものの一つに挙げられるほどでした。

そんな通勤事情に大きな変革をもたらした電車が1957（昭和32）年、SE車の世界新記録と同じ年に誕生しています。「モハ90（後の101系）」で、ある一定以上の年齢の方は「あのオレンジ色の電車か」と思い出されるでしょう。ちなみに同車両が中央線に投入されたのをきっかけに、山手線など首都圏通勤路線は路線別に車両の塗装を変えています。

通勤車両に革命的な変革をもたらした「モハ90」は10両すべての台車にモーターを装備。これは短い駅間で加速を良くするためです。さらに早く止まれるために、今では当たり前ですが空気と電気、2つのブレーキを通勤電車としては初めて装備しました。これで、運転時分の短縮を図り、行き詰った都市近郊の通勤輸送を緩和することを目指しました。しかし当時の変電所の容量不足や、電車の製作費が高いなどの理由から、最終的には電動車6両、付随車4両で運行されるようになりました。

さらにこの電車の大きな特徴として両開きの扉があります。幅の広い扉は乗降時間を短縮することで、運転時分の短縮にさらなる効果を上げ、その後、私鉄を含めほぼすべての通勤電車で両開きの扉が採用されました。

国鉄は「モハ90」を中央線に投入したのを皮切りに、山手線にうぐいす色の「103系」などの新鋭車両を続々と採用していきました。

しかし、首都圏人口3500万人と世界有数の人口過密都市、東京のラッシュアワーは新鋭車両の投入だけでは解決せず、その後の複々線化や新線の建設で多少緩和されたものの、未だに外国人から見れば「観光」の対象であり続けているようです。

要点BOX

- ●両開き扉が運転時分の短縮に威力
- ●オレンジ色が線路別の塗色の先駆けに
- ●新鋭電車も解決できない過密都市のラッシュ

通勤電車モハ90(101系)

(鉄道博物館にて)

当初は2分間隔で運転できるよう設計されましたが、電力設備などの問題から所期の機能は発揮できませんでした。

首都圏通勤路線のホーム

1963(昭和38)年、上野駅山手線ホーム　(東京都提供)

9 新幹線がもたらした世界的な鉄道復権

航空機、自動車全盛時代に打ち込んだ楔

新幹線が世界の鉄道を再び交通機関の主役に引き戻した。これは決して大げさな話ではありません。19世紀初頭、イギリスで誕生した鉄道は、乗客ならびに貨物両面で、効率的に大量輸送できるという、最大の利点を生かし、欧米、アジアなどで順調に路線を伸ばしてきました。しかし戦後、そこに大きく立ちはだかったのが自動車と航空機でした。

ドアツードアの利便性に優る自動車、さらには圧倒的な速さを誇る航空機に、徐々に乗客そして貨物を奪われていきました。

鉄道も指をくわえて見ていたわけでは、ありません。ロンドン～イスタンブール間のオリエント急行に代表される豪華列車、さらには高速への挑戦も。1955（昭和30）年にはフランスが、電気機関車が牽引する列車で時速331kmという当時の世界最高速度を記録しています。しかし、それが限界でもありました。現にフランスは、鉄道に代わる空気浮上式や磁気浮上式などについての研究をはじめていました。

そんな中、極東の敗戦国が最高速度時速200km以上、しかも電車での高速鉄道を計画していると聞き、各国は一様に冷めた目で「無謀な計画」と批判しました。

しかし、結果はご存知の通りです。それもそのはず日本は戦前の弾丸列車構想にはじまり、SE車、そして「こだま」と着実に、高速化の道を、それも世界に先駆け電車で実現すべく研究を続け、1964（昭和39）年に現実のものにしました。

新幹線の成功に欧米は驚き、徹底的に研究。フランスが17年後の1981（昭和56）年にTGVの営業を開始。その後ドイツのICE、そして今や路線距離、最高速度ともに世界一の中国などが続き、鉄道は復権を果たすとともに、一気に高速化への道を歩みはじめます。いまや、中距離における航空機の最大のライバルは鉄道といっても差し支えないでしょう。

要点BOX
- ●敗戦国の無謀な挑戦が常識をくつがえす
- ●TGVもICEも新幹線の成功があればこそ
- ●中距離における航空機の最大ライバルは鉄道に

0系新幹線

（イギリス・ヨークの国立鉄道博物館にて）

収蔵車両300両以上という世界最大級の鉄道博物館に日本の鉄道車両では初めて展示された「0系」。

新幹線の一番列車「ひかり１号」の特急券

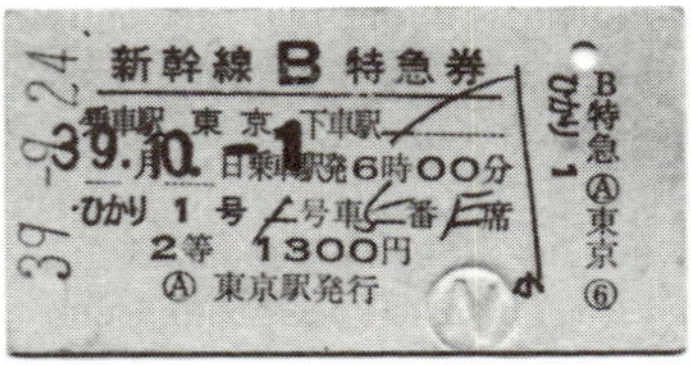

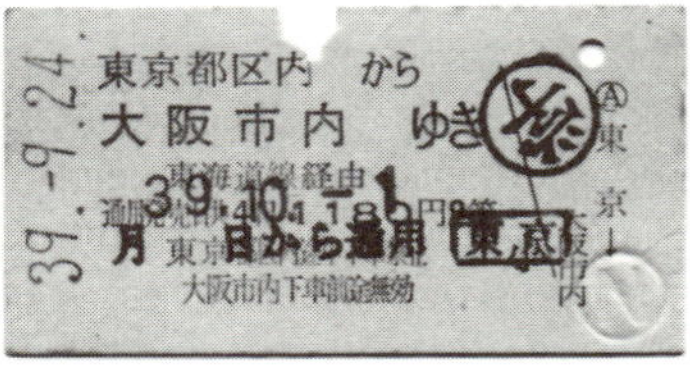

Column

ゼロから生まれた夢の超特急

世界に先駆け高速鉄道の礎を築いた新幹線ですが、その開発の陰に旧帝国海軍の航空技術者の技が貢献していることは、あまり知られていません。

旧帝国海軍の海軍航空技術《ぎじゅつ》廠《しょう》はゼロ式戦闘機をはじめ、数々の航空機を開発。その技術力の高さは世界的にも最高水準にありました。しかし敗戦と同時にそれらの技術者は行き場を失ってしまいます。中には航空機の部品を作っていた工場が鍋釜を作らざるを得ないまでに追い込まれたところもありました。この窮地を救ったのが国鉄鉄道技術研究所でした。一時は1000人を超える技術者が採用され、その後、彼らは研究所の核として活躍します。

その成果は数え上げたらきりがありませんが、あえて2つ挙げるとすれば、航空機のフラッター現象に対する技術を新幹線の台車に生かし高速化に貢献、さらに航空機の流体力学が、鉄道車両に「流線型」をもたらしました。

フラッターとは「飛行機の振動むら」のことです。飛行中、翼などに起こる振動は低速時には空気の力で減速されます。しかし高速になると逆に空気の力が加速度的に助長し、時には翼が破壊されるなど、大事故につながります。実は鉄道もフラッター現象と無縁ではありません。高速になると、車輪の構造などから左右に振れる蛇行動が表れ、最悪脱線に至ります。実際に戦後すぐ山陽本線で旅客列車を牽引するD51形蒸気機関車が突然横転し、多数の死傷者が出ています。事故は最終的に蛇行動が原因と結論付けられています。ちなみにこの事故原因を明らかにし、後にこの難題を航空機の経験を生かし解決したのは元海軍の技術者でした。

一方、流線型ですが、日本では、小田急のロマンスカー・3000形SE車が量産車としては日本初です。同車の開発には5項のように、国鉄鉄道技術研究所の元海軍の航空技術者が大きく関わっています。彼らは流体力学を基に「美しいものは速い」という確固たる設計思想を持っています。技術を施す先が航空機から鉄道に変わってもこの信念は変わりませんでした。躊躇することなく流線型を採用、この流れは新幹線の0系車両にも生かされています。

もし、海軍が解体されなければ、さらにいえば、路頭に迷った技術者を国鉄が採用しなければ、新幹線の開発は遅れ、世界的な鉄道の復権もまた遅れていた、かもしれません。

第2章
どうやって動くの?

10 求めるのは、より高いエネルギー効率

蒸気、ガソリン、そしてディーゼル

鉄道の動力源の変遷は、より高いエネルギー効率を求める歴史でもありました。まず着目したのが「蒸気」です。動力源としての蒸気の活用は意外に古く、西暦10年頃、古代アレクサンドリアの工学・数学者ヘロンが「蒸気機関」を考案。球体の表面に接線方向に蒸気を噴出するノズルを2つ設置し、蒸気の力で球体を回転させました。その後、何人もが開発を試みますが、最終的には1769年にジェームズ・ワットが発明した機関が普及。これを1802年、イギリスのリチャード・トレビシックが世界で初めて機関車に搭載します。その後のさまざまな研究の中で、1814年、ジョージ・スチーブンソンが公共交通で走行する最初の蒸気機関車「ロコモーション」号を製作します。

その後、世界中に普及しますが、簡単な機構の割には運転が難しく、熱効率が劣ることなどから、時代とともに内燃機関や電気にとって代わられていきます。

内燃機関の燃料はガソリン、ディーゼルがあり、戦前の鉄道はガソリンが主流でした。戦後はディーゼル機関が技術の進化とともに主役となり、機関車、気動車（ディーゼルカー）が普及していきます。

気動車は1970年代までには、日本全国で5000両を超えるまでになり、特急車両も製造されています。しかし、その頃から、主要幹線の電化が進み気動車の地位は徐々に後退していきます。

1980年代以降は第三セクターの鉄道会社の増加とともに、それに向けた比較的安価な気動車が登場。電子制御式多段変速機などの実用化などで、性能は大きく向上しましたが、運用路線は主として地方の非電化亜幹線や、ローカル線に限られています。

それでも、九州の肥薩おれんじ鉄道のように、電化路線でも、1両で走行可能な気動車をあえて運用している鉄道会社もあります。

要点BOX

- ディーゼル特急も電化とともに下火に
- 少ない乗客ゆえに、電化路線を走る気動車

フェアリー式蒸気機関車

両端にボイラー、運転台を設置。終点で転車台がなくても、折り返し運転が簡単に。
（イギリス・フェスティニオグ鉄道にて）

ディーゼル機関車

JR貨物のDE10形（右）と、DE11形（左）。
（新鶴見機関区にて）

エネルギー効率の比較

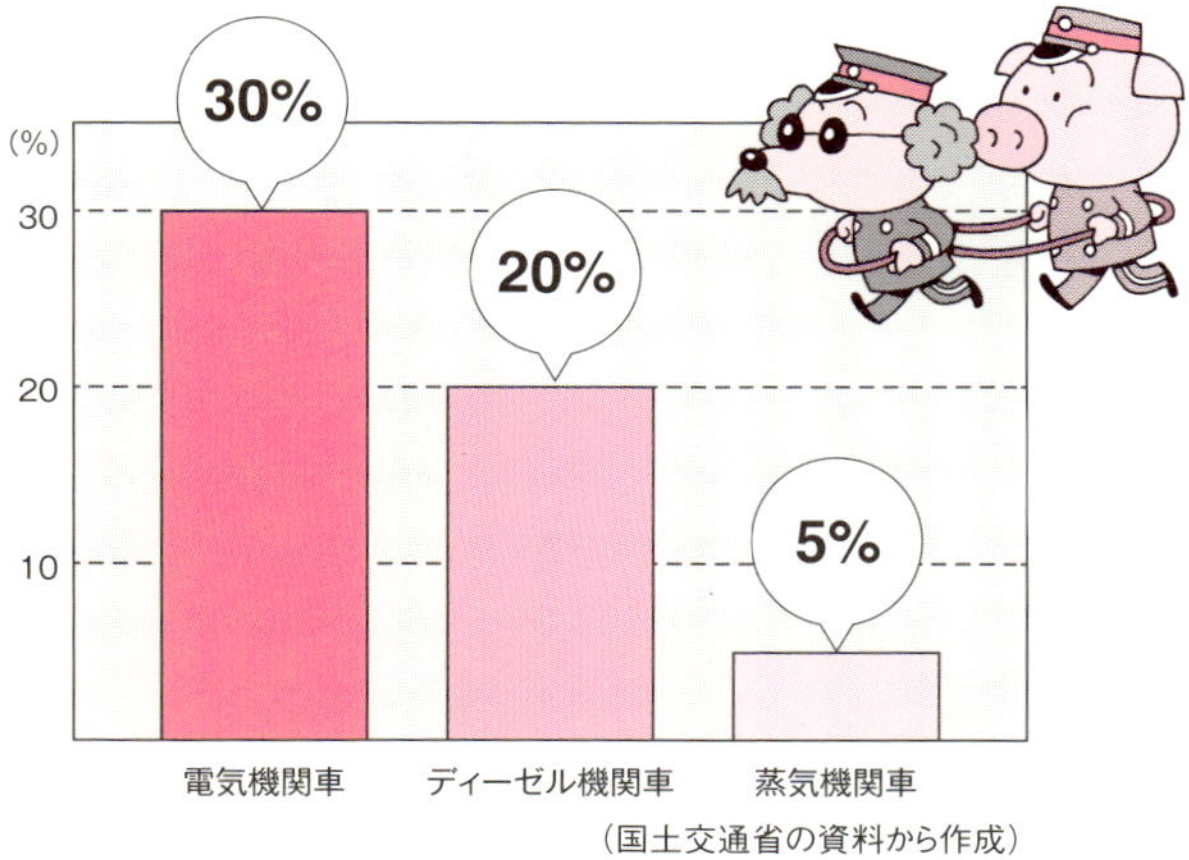

（国土交通省の資料から作成）

11 動力は「分散」か「集中」か

軟弱な路盤が生んだ「電車王国」

新幹線とフランスの高速列車TGV。どちらも流線型の車体が連なり、一見するとよく似ています。しかし両者には決定的な違いがあります。新幹線がいくつかの車両に駆動用モーターを分散して取り付けているのに対し、TGVは両端の車両に駆動部分が集中しています。新幹線が動力を「分散」した電車なのに対し、TGVは動力を「集中」した電気機関車が牽引する方式です。

日本も1958（昭和33）年に運行を開始した電車特急「こだま」以前は、長距離列車はすべて蒸気や電気で動く機関車が牽引していました。しかし戦後、国鉄の技術陣を中心に電車の研究が進み、それが新幹線の電車化を現実のものにしました。

これに対し、欧米は現在も「集中」方式が主流です。しかしヨーロッパのターミナル駅は行き止まりの頭端式が多く、そこで列車は進行方向が変わります。そのため機関車の反対側の終端の客車に運転台を設置し、逆に進む時はそこから最後部の機関車を制御する方式が取られています。

なぜ、そこまで集中にこだわるのか。大型のモーターを搭載する機関車の1軸当たりの軸重は電車に比べ重く、その分、線路に負担をかけます。それでも広大な大陸に敷かれた線路は頑丈で多少の軸重には耐えられます。また国際列車が多いヨーロッパは国境で電化方式が変わることも多く、「集中」ならば機関車だけ付け替えれば済みます。

これに対し、国土が狭くかつ平地が少ない日本は路盤も脆弱でその分、軸重も制限されます。そのため、1両当たりの軸重が軽い「分散」の研究が進み、世界的な「電車王国」が誕生したといえます。

近年、重い直流モーターから、軽くて保守が簡単な交流モーターが主流になり、ドイツのICEが第3世代から電車方式を取り入れるなど、「分散」が世界的潮流になりつつあります。

要点BOX
- ●日本も戦前は蒸気や電気の機関車が主流
- ●国際列車に求められる「動力集中」

TGV

日本の新幹線の成功に刺激されたフランスが開発。現在の営業最高速度は時速320km。

ICE 3

ドイツ鉄道の高速車両。同国を中心にヨーロッパ各国で運行されています。最高速度は時速300km。「1」と「2」は動力集中方式だったが、「3」で分散に。

12

送電は「架線」か「第三軌条」か

架線が主流も、トンネル径の縮小などで第三軌条を活用

電車が走るためには、地上側に電気設備が必要です。これを「電化」といいます。専門的には電気を送ることを「き電」、車両側で電気を取り入れることを「集電」と呼びます。方式は「架線」と「第三軌条」の2つに大別されます。

架線は専門的には「架空電車線方式」と呼ばれ、車両が通る空間の上部に架線を張り、ここからパンタグラフなどの集電装置で、車内に電気を取り込みます。構造は基本的にはパンタグラフが直接接するトロリー線の上に吊架線と呼ばれる線を張り、吊架線に取り付けられたハンガーがトロリー線を吊り下げる形が一般的です。低速で走る路面電車などでは吊架線を使わず、トロリー線を直接、支持構造物（ビーム）に取り付ける場合もあります。

逆に新幹線のように、高速で走行する場合はトロリー線の弛みがパンタグラフを大きく上下動させ、集電に影響を与えるため、吊架線とトロリー線の間に補助用吊架線を追加するなどの措置がとられています。

第三軌条は走行用レールと並行して第三の給電用レールを敷設し、それを車両の台車などに取り付けた集電靴（コレクターシュー）が擦ることで、車内に電気が伝わります。建設コストが安く、架線柱や架線による景観を損ねることもありません。この半面、線路とほぼ同じ高さに、高圧の給電レールが敷設されるため、踏切を設けることができず、人の立ち入りも制限されます。

第三軌条の東京メトロ銀座線は上野検車区の手前に一般道路との踏切がありますが、ここから人が線路内に立ち入らないよう、線路側にも電車の通過時だけ開く遮断柵が設置されています。また、踏切上には第三軌条は敷設されていません。

なお、使われた電気は、両方式とも、レールを通じて発電所へ戻ります。このため、レールも「き電」系統の重要な一部分なのです。

要点BOX
- ●速度によって、吊り下げ方式もさまざま
- ●景観にプラスも、踏切ができない第三軌条
- ●レールも「き電」系統の大事な一部

架空電車線方式

架線に接しているパンタグラフなどの集電装置から電気を取り込み、
使われた電気はレールから発電所へ戻ります。

第三軌条

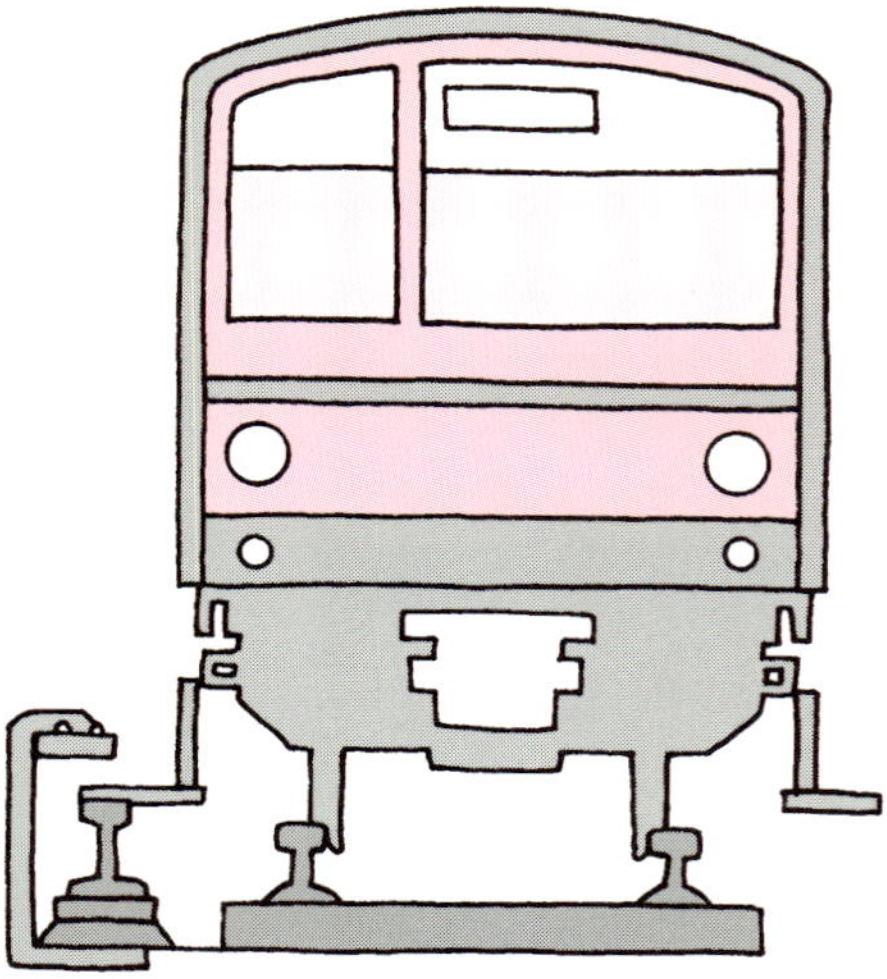

架線に代わるレール脇の第三軌条から、車両側の
集電靴を通じて電気を取り込みます。

13 電化は直流が基本、路線によっては交流も

地上設備の簡素化と、車両の搭載機器が選択の鍵

電気には直流と交流の2種類があります。鉄道はこの2つの電気を目的などに応じて使い分けています。

1879（明治12）年、ベルリンで世界で初めて走った電車の電源は直流です。以後、第二次世界大戦後の商用周波数による交流電化が普及するまでは、鉄道・軌道の電化は直流が一般的でした。日本では1904（明治37）年に甲武鉄道が飯田町～中野間で日本初の電車運転を開始しますが、この時も直流電化でした。

変電所から電車に電気を送る時、架線の抵抗で電圧が下がります。そこで電圧を高くすれば低下は防げますが、直流では車両側で電圧を調整できる範囲が限られるため、日本では1500Vが一般的です。しかし交流ならば車載の変圧器で容易に電圧を変化させることができます。

日本での交流電化は1955（昭和30）年から仙山線の仙台～作並間で試験がはじまり、1957（昭和32）年に北陸本線の田村～敦賀間で初めて営業運転が行われました。以降、東北本線、鹿児島本線、常磐線と、多くの幹線で、電化時に交流電化が採用されています。

では、なぜ私鉄を含め日本のすべての鉄道が交流電化にならないのでしょうか。交流電化は変電所の数が減らせるなど、地上側の設備は簡素化できます。しかし車両側は変圧器や整流器など、余分な機器の搭載が必要になります。大まかにいうと、列車本数が少ない亜幹線などは交流電化が有効的ですが、首都圏など多くの列車が行き交う路線では、全体の経費は高くなってしまいます。

また、既存の直流電化区間を交流に変えるためには変電所、架線の構造から電車の設備まですべて交換しなければなりません。また、現在の常磐線のように直流区間と交流区間が混在する路線では、直通するには両方の電化方式に対応した車両が必要です。

要点BOX

- ●仙山線の実験後、北陸、東北なども交流へ
- ●既存の直流電化を交流に変える利点は薄い
- ●両区間、直通できる電車は割高に

JR在来線の電化区間

ED75形電気機関車

（鉄道博物館にて）

1963（昭和38）年から製造され、北海道から九州までの特急列車から一般貨物列車として幅広く活用されました。

14

集電装置、現代の主流はパンタグラフ

かつての主役、トロリーポールとビューゲル

蒸気機関車やディーゼルカーは、車体に動力源となる燃料を積まなければなりません。しかし電車は蓄電池車など一部を除き、動力源を積む必要はなく、その分、車重は軽くなります。しかし、何らかの方法で電気を取り込まなければなりません。

その歴史はトロリーポールからはじまりました。日本では姿を消しましたが、速度が上がると架線から外れ易いなどの欠点があります。これを補うために開発されたのがビューゲルで、路面電車などでは、今も使われています。これも高速運転には不向きで、そこで考え出されたのはパンタグラフでした。

パンタグラフの外形は大きく3つに分かれます。「菱形」「下枠交差形」「シングルアーム」です。1921（大正10）年、日本で初めて作られたパンタグラフは菱形でした。その改良形ともいえるのが下枠交差形です。折りたたんだ時に、線路方向（縦）の長さが短くなり、屋根の上を占める面積が小さくなるため、分散式空調機の搭乗などで普及。新幹線も初代0系からしばらくは同形が使われています。

現在の主流はシングルアームです。1956（昭和31）年にフランスで開発されましたが、日本ではなかなか使われませんでした。それが「大雪」をきっかけに普及します。

1998（平成10）年1月、首都圏に積雪があり、鉄道が麻痺状態に。その原因の1つがパンタグラフでした。上下の枠などに積もった雪がパンタグラフを押し下げ、離線の瞬間に流れる高圧電流が架線を切断し運行不能に。しかし比較的軽量で構造上、雪が積もりにくいシングルアームは被害も少なく、見直され、それ以降、普及していきました。

さらに新幹線では「騒音」の問題も。パンタグラフの風切り音です。そのため編成当たりの数が0系の8本から、今は1本に減らすとともに、風に当たる部分が少ないシングルアームが主流になりました。

要点BOX
- ●3つに分かれる、パンタグラフの形状
- ●大雪で普及促進のシングルアーム
- ●新幹線、騒音問題で最大8本から1本へ

パンタグラフ

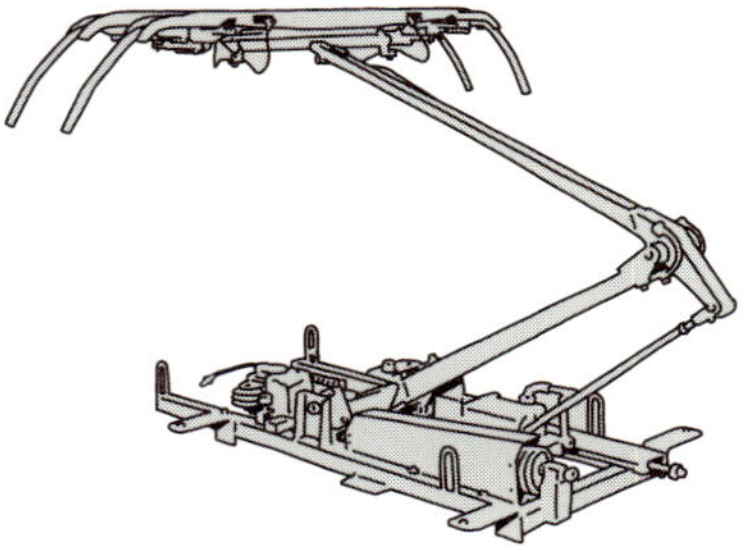

シングルアーム

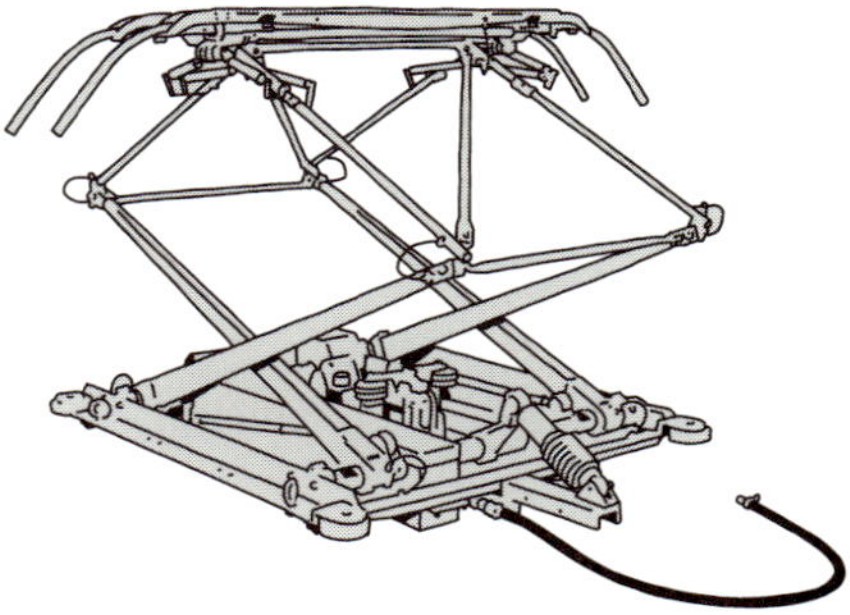

下枠交差形

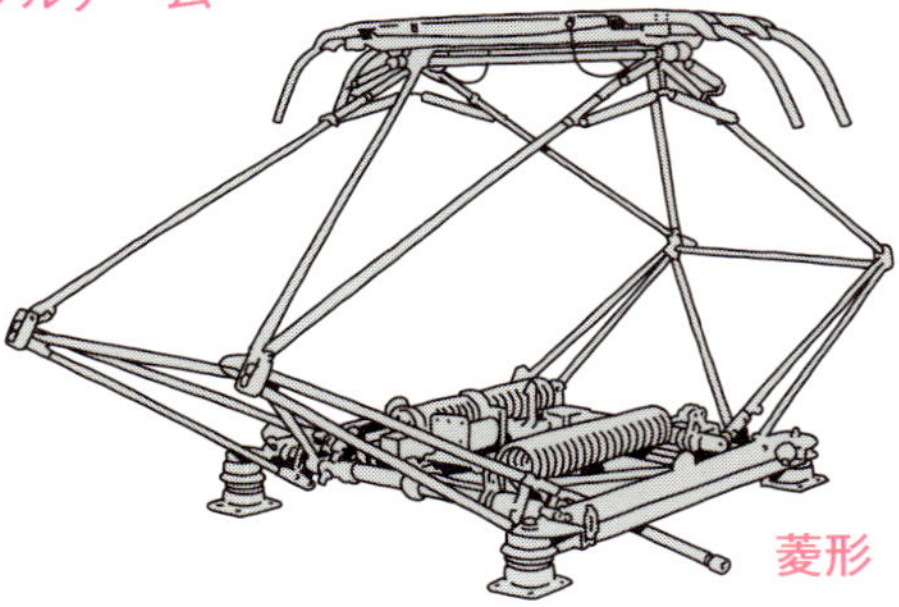

菱形

トロリーポール

100年以上、トロリーポールが使い続けられている香港のトラム。

ビューゲル

起源は定かではないが、ヨーロッパで発展した方式。日本ではその形状から「布団たたき」とも。

15 パンタの先端で、過酷な条件に耐えるすり板

粉末冶金の技術が生み出す、電気鉄道の道

見えないところで活躍しているものが、鉄道の部品にはたくさんあります。「すり板」もその1つ。時速300㎞前後で疾走する新幹線のパンタグラフの一番上で、架線と接し続ける過酷な条件に耐え、動力となる電気を車体に送り続けています。

すり板は「粉末冶金」という方法で作られます。鉄や銅などさまざまな金属の粉末を金型に入れ圧縮し、それを1100℃前後の高温で「焼結」することで、求める精度を得ることができます。

実はすり板の製造に粉末冶金の製法を初めて取り入れたのは日本でした。パンタグラフが初めて使われた頃はローラーが付けられていました。しかし集電性能が低いため、すり板に代わり、当初は純銅が使われていました。その後、戦争中の物不足からカーボン素材が使われるようになります。素材そのものが軽く、架線を摩耗しない、などの特長がありますが、電気抵抗率が高いため加熱しやすいなどの欠点も併せ持ちます。そこで注目されたのが粉末冶金です。

すり板は架線の摩耗を極力少なくするため、相手への攻撃性を低くしつつ、自らの強度並びに耐摩耗性を確保するという、一見矛盾した構造が求められます。粉末冶金はあらゆる金属の粉末を混ぜることができるため、この困難な条件に適応する材質が得やすくなります。

さらに、使われる車両の最高速度、走る線区、気候などによって材料は微妙に異なります。当然、新幹線用は在来線と異なります。現在は鉄を主体とした粉末冶金が主流となっています。

その中で見直されているのがカーボンです。軽いという特長を生かし、電気抵抗率が高いという欠点を克服するため炭素繊維を使用。さらに銅を溶かし込むことで抵抗率を下げ、強度も確保し実用化されています。

要点BOX
- ●架線への攻撃性を弱め、強度、耐摩耗性を確保
- ●最高速度、線区、気候などで微妙に異なる材質
- ●戦争中のカーボンが、軽さから復活

銅系すり板製造工程概略図

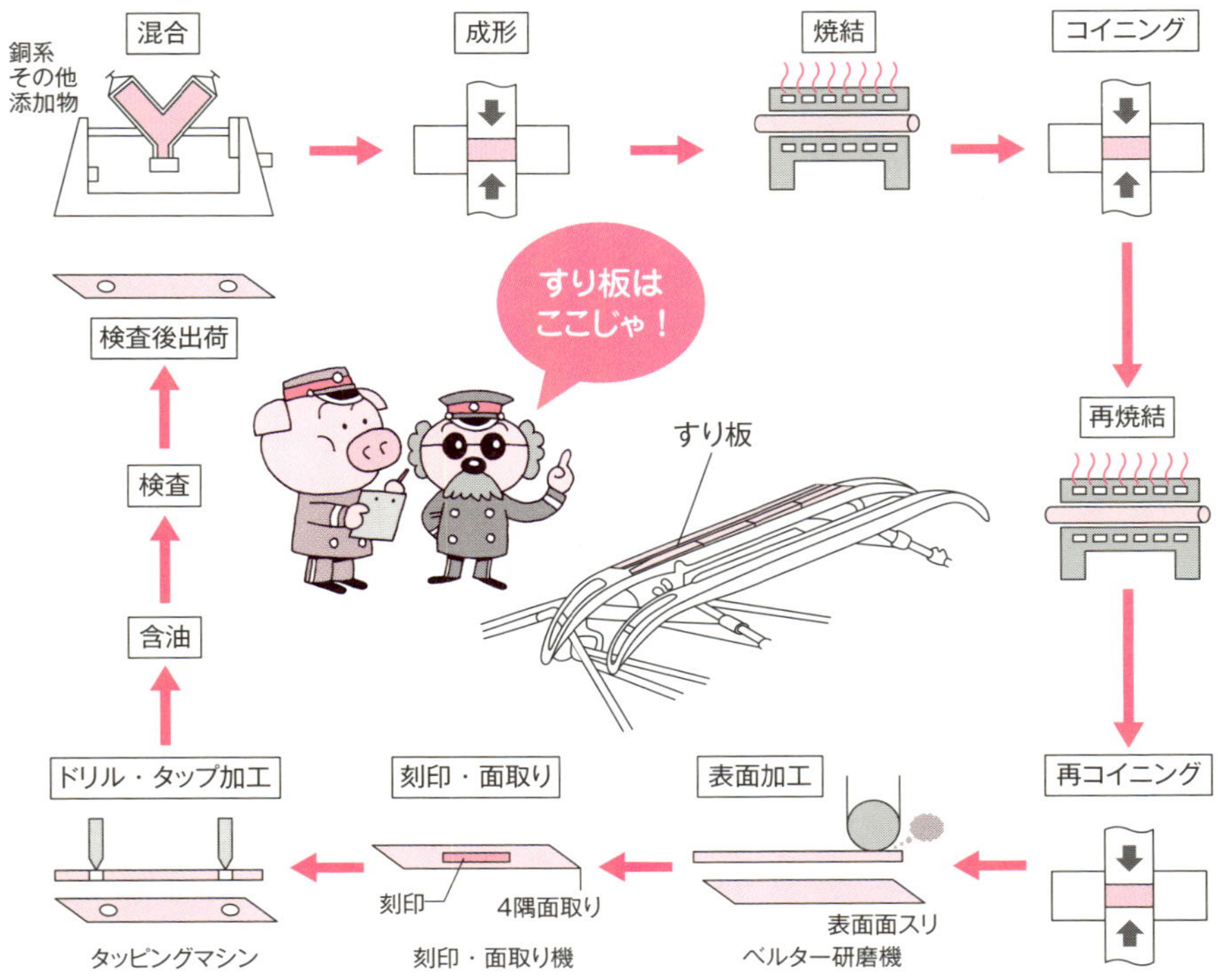

（ファインシンターの資料を基に作成）

焼結すり板

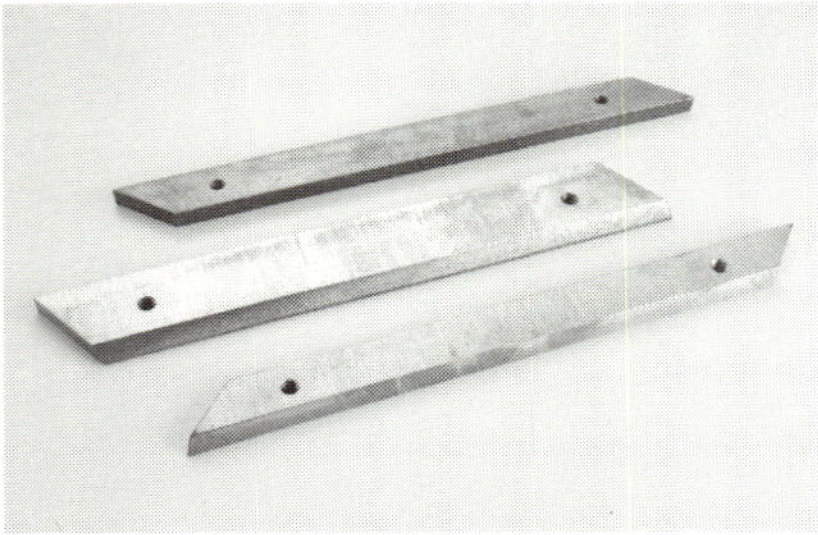

カーボン系すり板

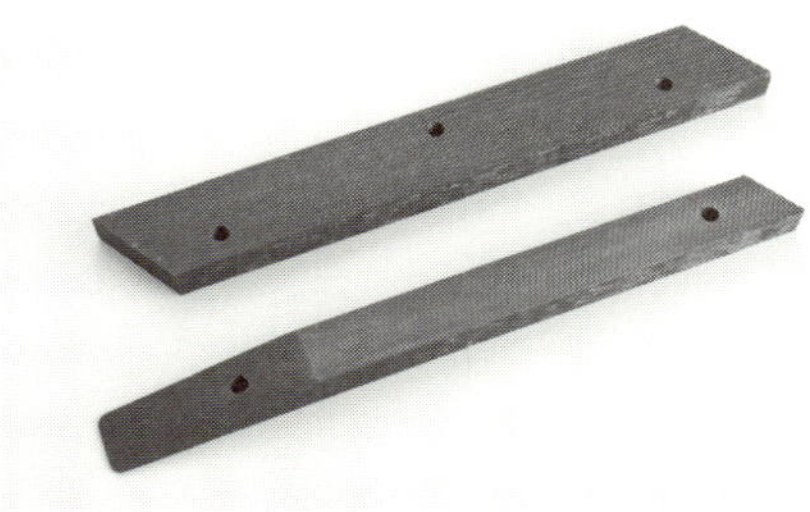

（写真はすべてファインシンター提供）

最も一般的な「粉末冶金」製のすり板。

軽いなど多くの利点を持ちますが加熱しやすい欠点も併せ持ちます。

16 電動機は直流から交流へ

変遷を促した、軽量化、保守・点検の容易さ

電車を動かすモーター(電動機)は、長年、直流電動機が主流でした。中でも「直流直巻電動機」は、電車が起動する時に必要な大きな力を出すことができ、速度が高くなると自然に力が小さくなり、流れる電流も少なくなるなど、簡単に速度制御ができる、優れた特性を備えています。しかし直流電動機は、構造が複雑な上に、ブラシという消耗品が存在するため、定期的に分解して部品を交換しなければなりません。さらに小型・軽量化が難しく、回転数も限られている、といういくつかの欠点を併せ持っています。

そこで40年ほど前から、これらの課題を解決できる「交流電動機」に代わりはじめ、現在では直流電化区間を走る電車でも、新造車はすべて交流電動機が取り付けられています。

交流電動機といってもいろいろな種類があります。その中で電車の主電動機に使われているのは、同期電動機と、「三相交流(かご型)誘導電動機」です。ともに長所短所がありますが、最近は誘導電動機が主流です。それでもフランスのTGVはほとんどが同期を採用しています。

実際の電動機の中は、茶筒を輪切りしたような固定子(ステーター)の中に、円筒状の鉄心に銅でできた導体が組み合わされた回転子(ローター)が、ステーターに接することなく収められています。

ステーターの内側には、少しずつ位置をずらして、複数のコイルが取り付けられ、位相の異なる三相交流のU、V、W相を、それぞれのコイルに流せば、各コイルは順々に電流が大きくなるため、回転しているのと同じ効果が得られます。

しかし同電動機を制御するには、電圧や周波数を自由に変化させる高度な技術が必要です。これが実用化を遅らせた、原因の1つでもありあます。

要点BOX
●直流は複雑な構造と、消耗品のブラシがネックに
●技術の発達が、交流電動機の制御を可能に

交流電動機の原理

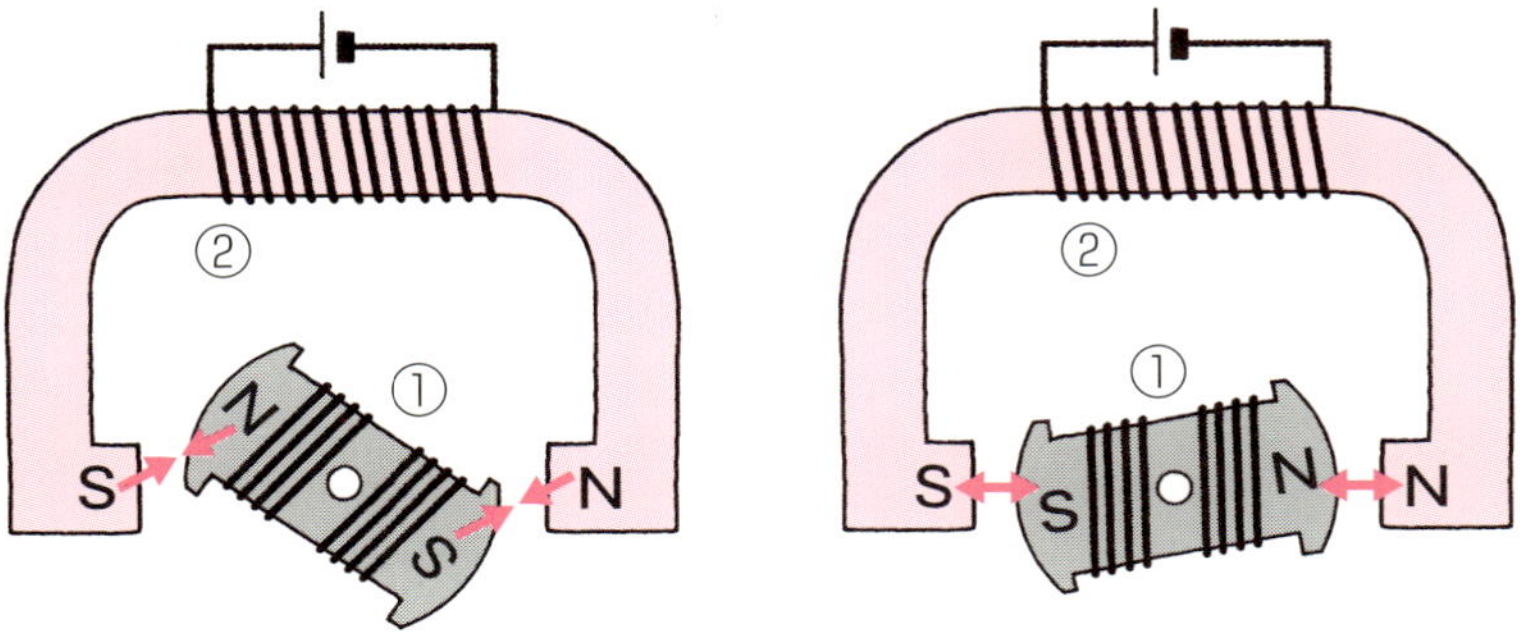

図の①を回転子巻線、②を固定子巻線と呼びます。
左図ではそれぞれのN極とS極が引かれ左に回転します。
回転子が水平になったところで、右図のように固定子巻線の極性を入れ替えれば、
今度はN（S）極とN（S）極が反発し合い、左回転を続けます。

三相交流誘導電動機

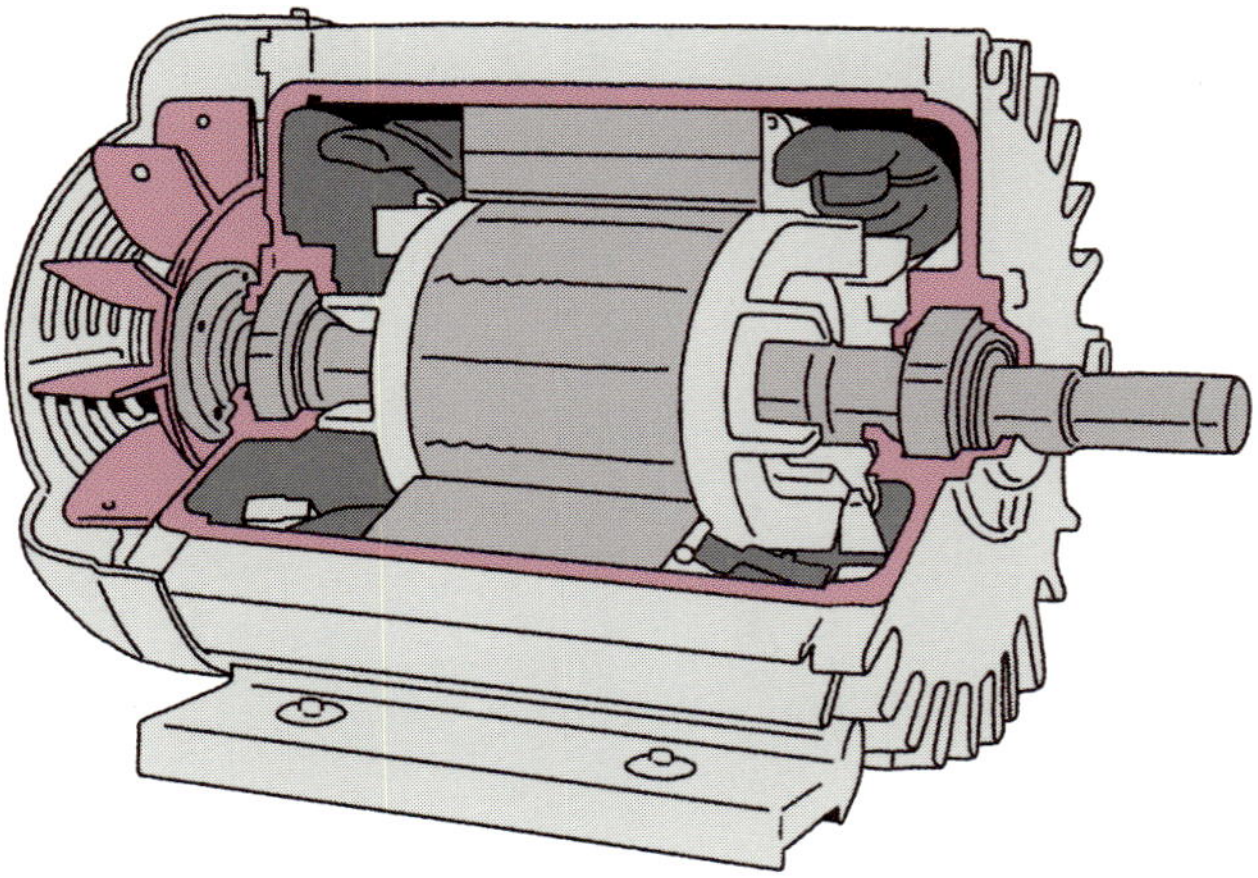

交流電動機の代表的なもの。内部が密閉されているので、左側の冷却ファンで
外側から強制的に外装の冷却ひれに空気を送っています。

17 電車の速度制御は抵抗からVVVFへ

半導体素子がもたらした技術革命

電車のモーターは1881（明治14）年の誕生時から1980年代まで、直流が主流でした。同モーターの回転数は、かける電圧に比例します。このため、古くから抵抗制御と、直並列制御が使われてきました。

抵抗制御は、起動時は抵抗を介すことで電圧を下げ、その後、抵抗を減らし暫時回転数を上げていきます。また直並列制御はモーターの接続の方法を変えることで電圧を変えて、回転数を制御します。

1960年代に開発されたのが半導体による「チョッパ制御」です。「チョッパ」とは「切り刻む」という意味で、ここでは電流を切り刻みます。電球を素早く点けたり消したりすると、点けっぱなしの時より暗くなります。スイッチを入りと切りの時間を平均した明るさになるからです。

電車のチョッパ制御もこれと同じことを、「サイリスタ」と呼ばれる、半導体のスイッチを使い、行っています。大きな電流を1秒間に300回というような早い速度で入り切りし、モーターにかかる電圧を変化させています。

さらに、このチョッパ制御を応用、発展させたのがVVVFインバータで、三相誘導交流モーターを制御します。交流モーターへの変換に伴い、エネルギーの節約、保守・管理の軽減、車両の高加減速化が実現し、いまでは電車制御の主流になっています。この陰には毎秒数十～数百回という超高速で高い電圧のスイッチングが可能な半導体素子の存在があります。

また、電車の加速時にメロディーや、ビィーン、ビィーンとの音が数回聞こえてくるのは、制御時にスイッチング周波数が段階的に変化するからです。

スイッチング素子は、サイリスタが脚光を浴びていましたが、小型化に限界があるなどの理由からIGBT（絶縁ゲート両極性トランジスタ）などに取って代わられつつあります。

要点BOX
- ●モーターの接続方法の変化で変わる速度
- ●加速時の音楽は周波数変化のたまもの

直流の交流への変換

基準のイメージ

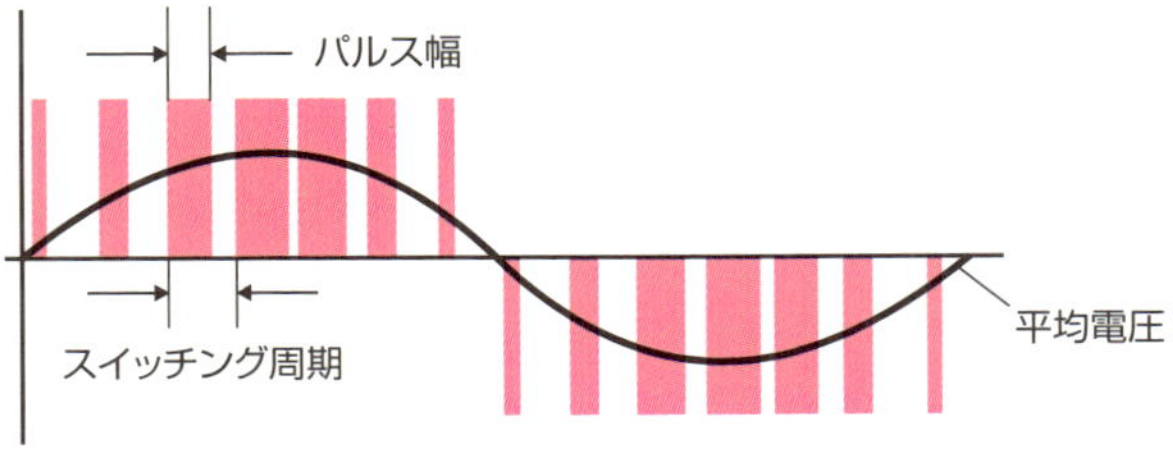
パルス幅
スイッチング周期
平均電圧

パルス幅を大きくすれば電圧が上がり、狭めれば電圧は下がります。
その平均値をとると正弦波に近い交流波となります。

①電圧を下げる

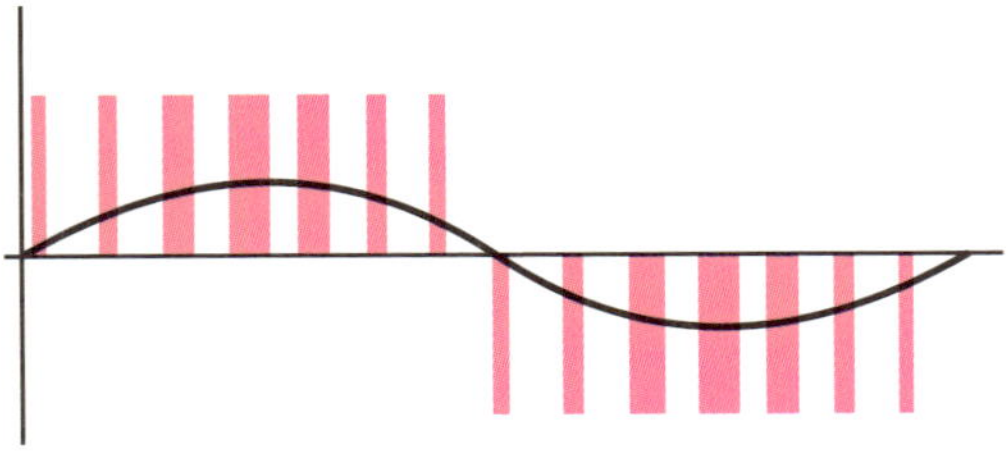

スイッチングの周期をそのままに、パルス幅だけを
狭めると低電圧の交流波が得られます。

②周波数を上げる

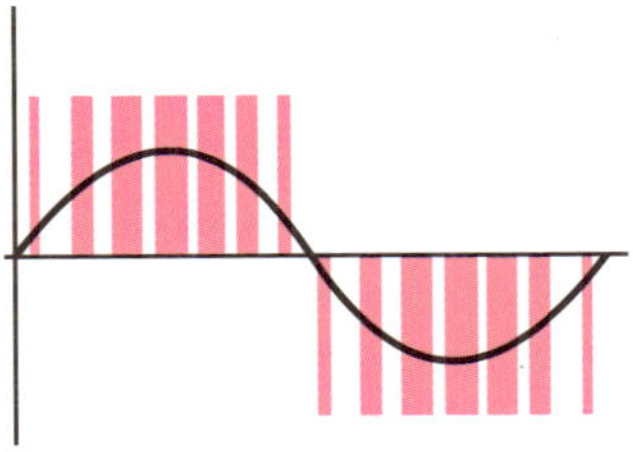

パルス幅をそのままにすると、
高い周波数の交流波になります。

交流のモーターは
周波数と電圧を
制御することで、
求める力を
得られるのじゃよ

18 新幹線も在来線も駆動方式は「カルダン」

従来の「釣り掛け」は高速化で限界に

重い電車が線路の上を走れば、レールには車両の通過トン数に比例して負荷がかかります。車体や乗客の重量は台車に付けたバネを介して、線路に伝わるため、その衝撃は和らげられます。問題は重いモーターです。

戦後、1950年代の車両は、モーターの一方の端を台車に、もう一方を車軸に取り付ける「釣り掛け方式」が大半でした。しかし列車の高速化などで、線路に与える負荷はさらに増します。そこでモーターを台車に載せれば、荷重はすべてバネの上になり、線路に直接与える衝撃はより少なくなります。問題は、モーターの回転力をいかに車軸に伝えるかです。

釣り掛けの場合、一端が車軸に付いているので、モーターと車軸の振動は同じ振幅で互いをつなぐ歯車が外れることはありません。しかしモーターが台車の上に付いていると、モーターと車軸の間にバネを介することになり、振動は微妙に異なり、歯車の噛みあいは、ずれるか、最悪破壊されてしまいます。

そこで考え出されたのが「カルダン方式」です。イタリアの数学者、ジェロラモ・カルダンが16世紀に考案したことから、この名が付きました。構造の考え方は後輪駆動の乗用車と同じです。自動車もエンジンと後輪の振動は微妙に異なるため、縦横の振動の変化を吸収する「ユニバーサルジョイント」を経て、後部の差動ギアに動力が伝わります。これに代わるのが「カルダンジョイント」で、モーターを置く位置は線路に対し、直角と並行の両方があり、現在は並行が主流です。

いずれにしても、モーターの軸と、車軸を結ぶギア構造の中間に、自動車のユニバーサルジョイントに代わり、振動の差を吸収する「撓《たわ》み板継手」か「WN継手」を挿入し、モーターの駆動力を車軸に伝えています。駆動方式にはいくつか異なる方式がありますが、基本的な原理は同じで、新幹線から在来線まで幅広く活用されています。

要点BOX

- ●基本的な考えは自動車と同じ
- ●線路への負担を軽減

電車の駆動装置

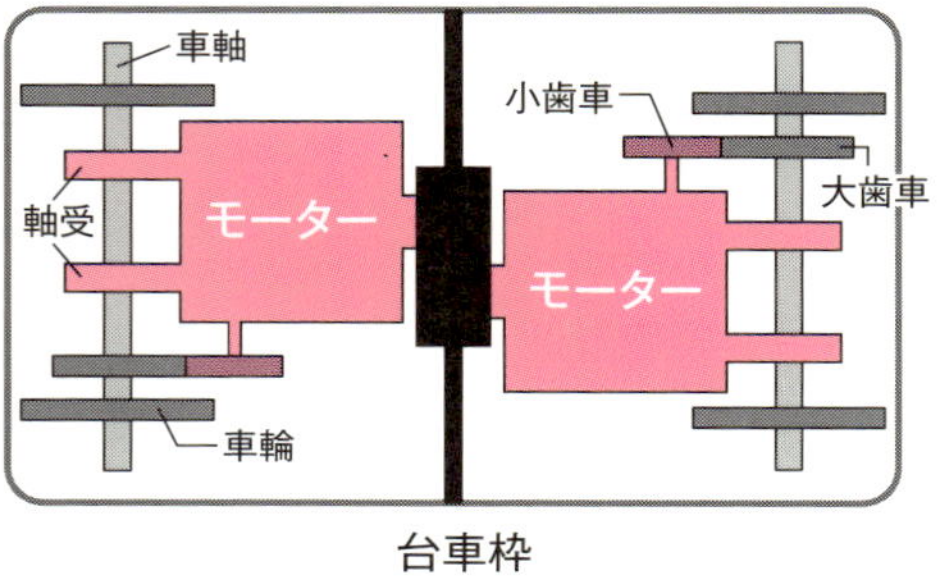

❶釣り掛け方式

モーターの重量を車軸と台車で支える方式

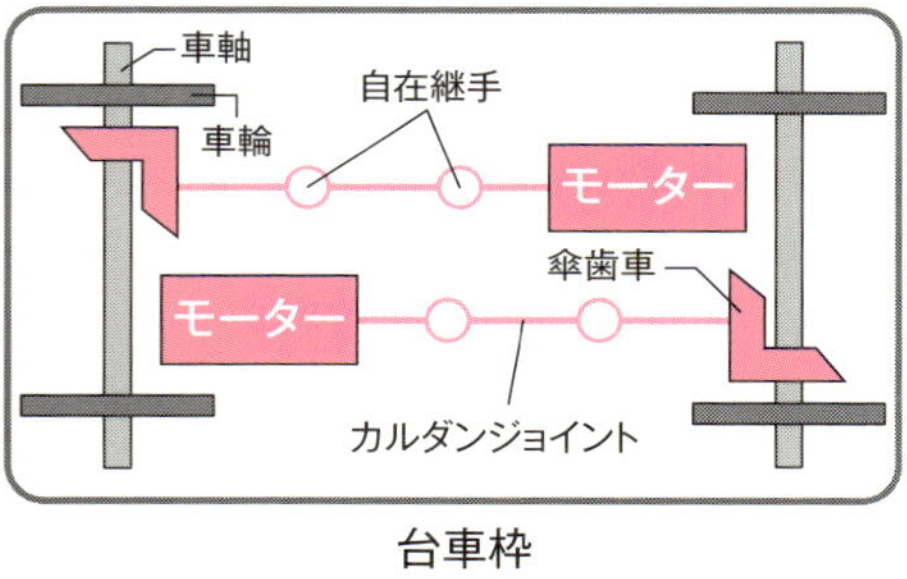

❷直角カルダン方式

モーターを車軸と「直角」になる形に配置

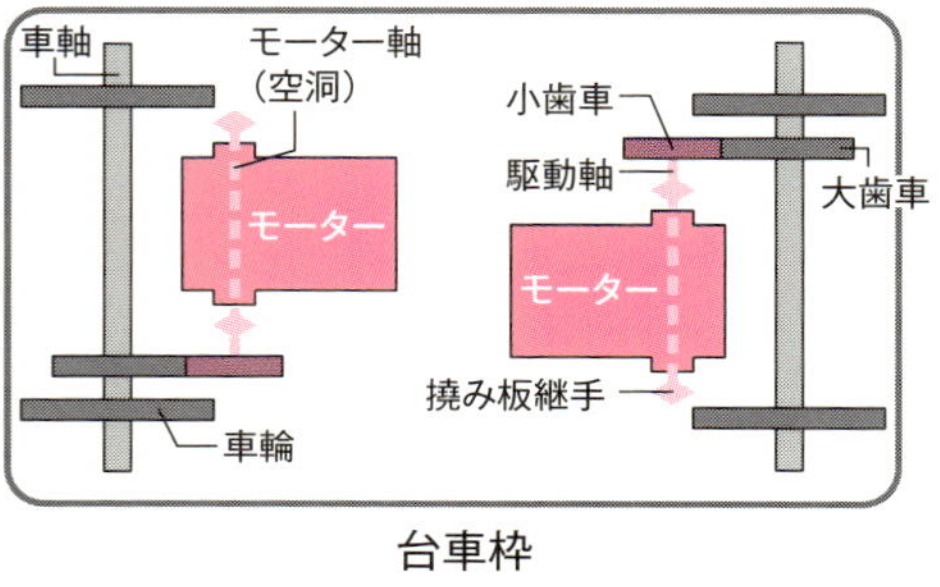

❸中空軸平行カルダン方式

モーターを車軸と「平行」になる形に配置

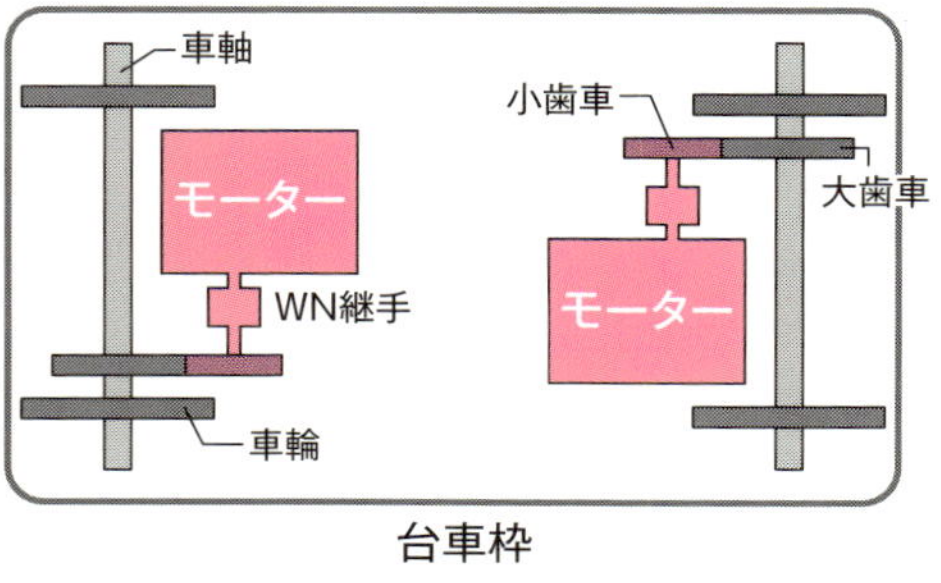

❹歯車形軸継手平行カルダン方式（WN駆動方式）

WN継手の採用で中空軸平行カルダン方式をシンプルにした方式

19 危険を解消、時間も節約、自動連結器

分割・併合を行う車両に付けられスムーズな運行へ

鉄道の特長の一つに大量輸送があります。そのためには車両を連結しなければなりません。しかし電車は機械的につないだだけでは動きません。運転士の操作に伴う電気信号から、ドアの開閉、空調機など電気的な接続も不可欠です。

連結器は「連結・解放作業」が容易で、かつ走行中は絶対にはずれないことが求められています。日本では創業時、それぞれの車両に付けられたフック(連結鉤)を、相手の車両のU字型の金具に引っ掛けてつなぐ、「スクリュー式」が使われてきました。ヨーロッパでは今もこれが主流です。しかし、この方式では連結のたびに、車両間に人が入り込まなければならず、死傷事故も絶えません。このため1925(大正14)年、当時の鉄道省はわずか2日間で、全国の車両を「自動連結器」に一斉に交換し、事故を防ぐとともに、運行の近代化に大きく貢献しています。

しかし、これだけでは、完全に無人化とはいきません。貨物列車はブレーキ制御のためのエアホース、電車と客車は電気的に接続するためのジャンパ連結器、電車の連結部分を見るとU字型に垂れ下がっている黒い太目のホース状のものが必要で、今でも連結時に、係員が車両間に入り、つないだり、はずしたりするところが見られ、危険とは背中合わせです。

そこで、開発されたのが「列車解結システム」です。連結を「解き」、「結ぶ」ことから「解結」と書きます。同システムは機械連結器の下に付いており、連結と同時に電気的に必要なすべてのコードがつながります。しかし数ミリのブレが許される連結器の下で、各接点を正確につなぐためには、特別な技術が必要です。

現在は、同じ編成ながら途中で行先が分かれる、分割・併合を行う車両には、すべて「解結」が装備され、スムーズな運行が確保されています。

要点BOX
- ●大正年間にたった2日で自動連結器に交換
- ●求められる条件は、はずし易く、走行中は絶対に外れない

連結器のジャンプコード

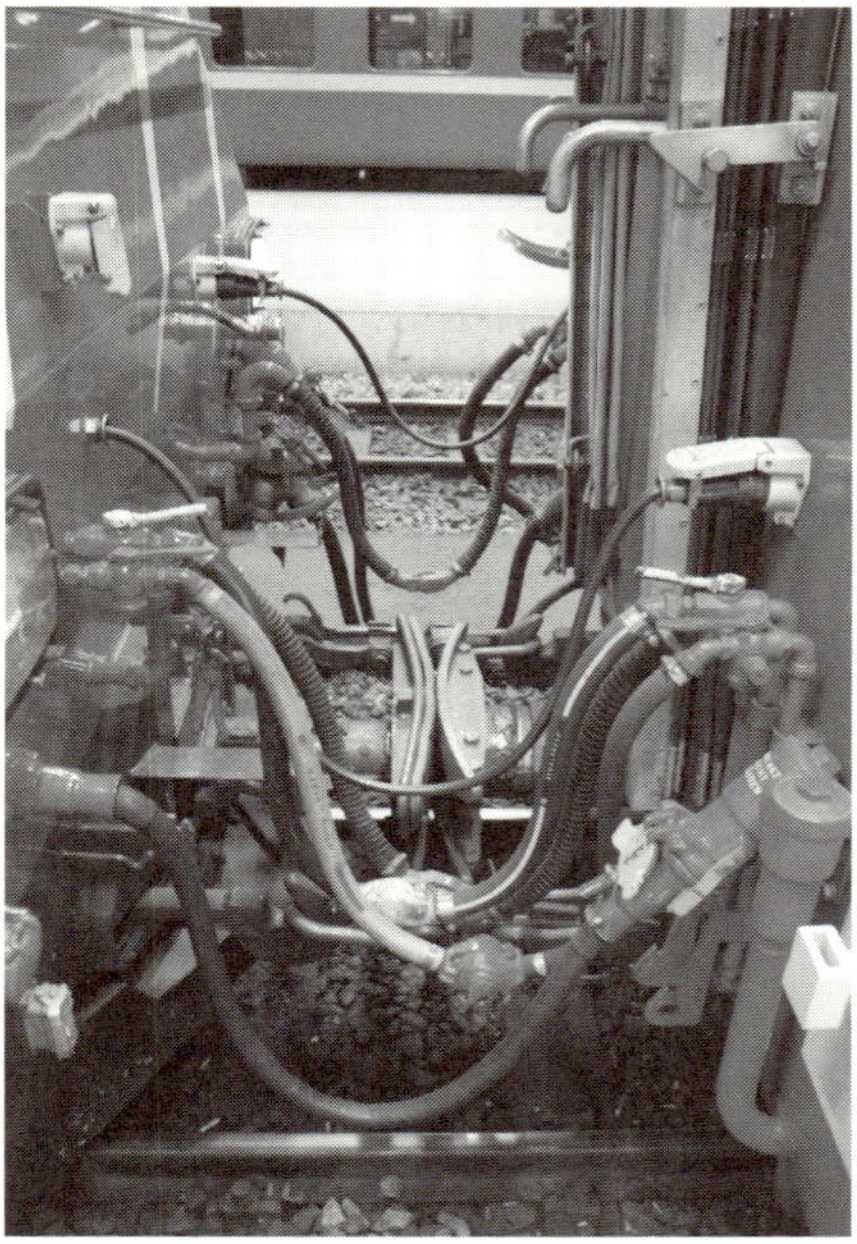

エアホース、電気的な接続を保つためのジャンパ連結器など何本も必要な従来の連結器。

(スイス・レーティッシュ鉄道にて)

自動連結器

機械的に連結された瞬間に電気的にも接続されます。

(JR東日本提供)

20 登坂はスイッチバック、ループ線、ラックで

登り坂に弱い鉄道が山に挑むさまざまな方式

鉄のレールの上を、鉄の車輪が転がる鉄道は、摩擦係数が低く、エネルギー効率の良い交通機関といえます。しかしその分、勾配、登り坂に弱いのが欠点でもあります。古来からこの欠点を克服すべく、さまざまなことが考えられてきました。

まずスイッチバック。自動車道路でも見られますが、斜面をジグザグに登ることで勾配を和らげます。しかし自動車と違い、鉄道はヘアピンカーブを曲がれません。そのため図のように行きつ戻りつしなければなりません。さらに駅に勾配があると、一端止まった列車は発車できないことがあります。このため駅の部分を平坦にするためのスイッチバックもあります。

ループ線も勾配緩和に使われています。日常生活で目にする「螺旋階段」と同じ理屈で、山間部に螺旋状に線路を敷き、線路を交差するところにトンネルを設けるのが一般的です。日本でも上越線の清水トンネルの両出口付近などで見ることができます。

これらは主に「山を越える」ための方法です。これに対し「山を登る」ために発明されたのが「ラックレール」です。2本のレールの間に、歯型のレール（歯軌条・ラックレール）を敷設し、車両の床下に設置された歯車（ピニオン）が、これにかみ合うことで登坂力を得ています。

この技術を世界で初めて登山電車に採用したのはアメリカで、1869（明治2）年にニューハンプシャー州で開業しています。日本では1963（昭和38）年まで信越線横川〜軽井沢間で使われ、さらに1990（平成2）年から、大井川鐵道井川線で採用されています。

ちなみに鉄道の勾配は千分率「パーミル（‰）」で表示されます。水平距離1000mを進む間に何メートル登るかを表す数字で、国内最大は井川線の90‰、世界最大はスイスのピラトゥス鉄道の480‰です。

要点BOX
- ●斜面をジグザグに登り、駅は平坦部分に
- ●螺旋階段の原理を応用し、より高いところへ
- ●ラックとピニオンがかみ合い急坂に挑戦

スイッチバック

❶ 折り返し型

列車はA駅とB駅でそれぞれ進行方向を変えて登る

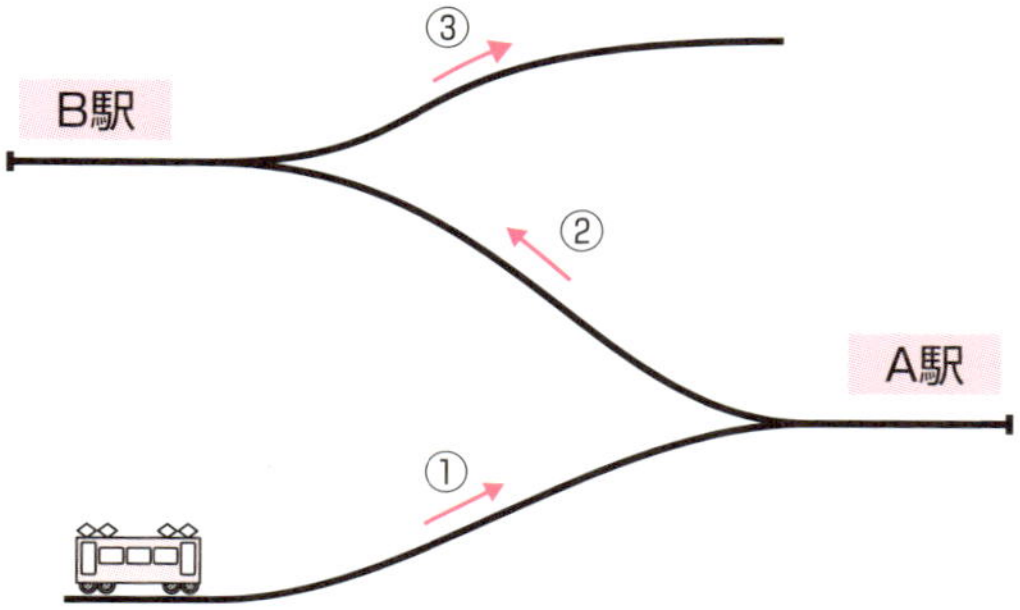

❷ 通過可能型

A駅に停車する列車はいったん分岐線に入り、進行方向を変えてA駅に入線後、再び進行方向を変えて登る。A駅を通過する列車はそのまま登る

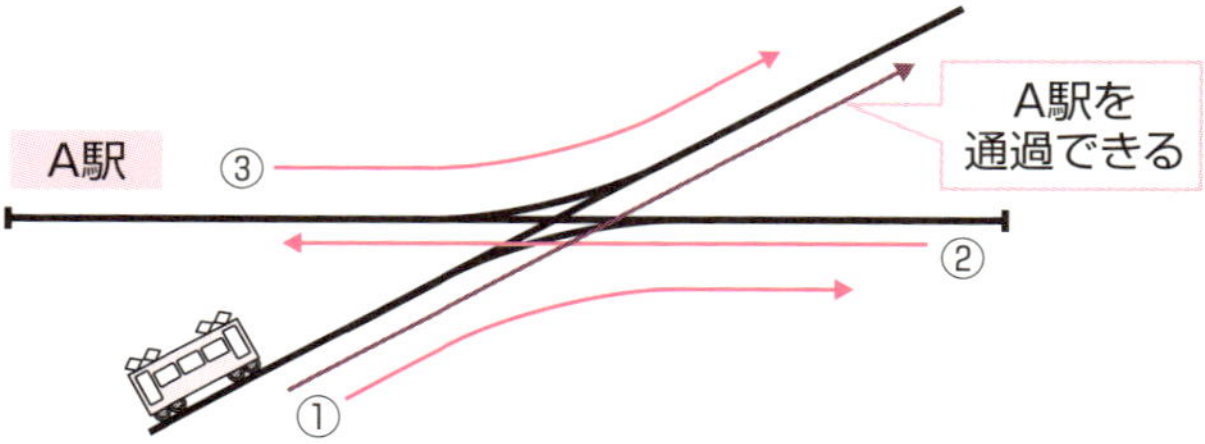

❸ 通過不能型

A駅に停車・通過を問わず、すべての列車が2回、進行方向を変えて登る

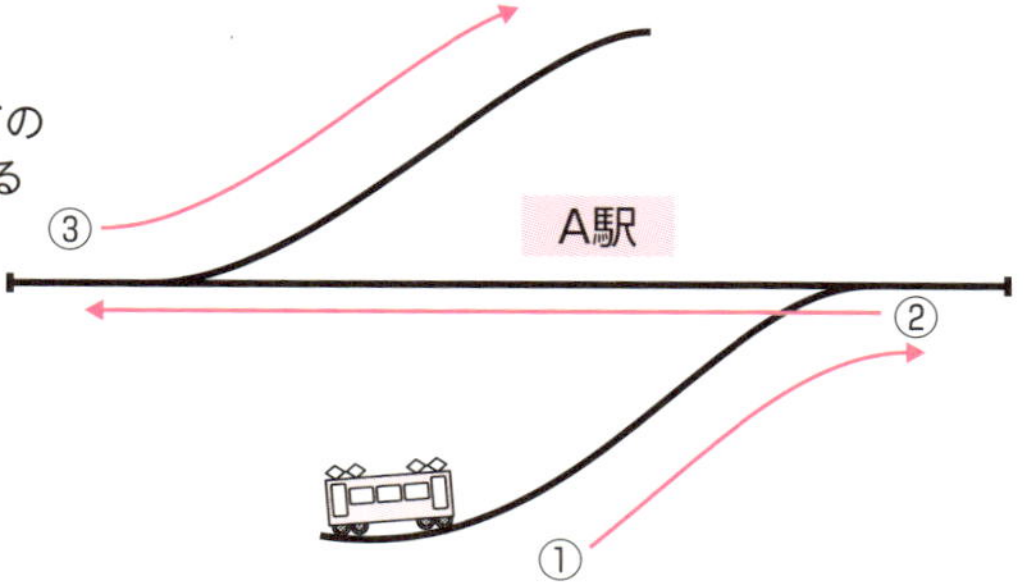

ループ線

スイス・レーティッシュ鉄道ベルニナ線
ブールージオ・オープンループ（2011年6月）

ラックレール

ラックレール、ドイツドラッフェンフェルツ鉄道

21 ケーブルカー、運行の原理は井戸のつるべ

電動式が主流も、水タンクの重量差で上下する方式も

目の前に高い山があれば登ってみたい。ラックレールと並んで、人間の欲望を満たす手段としてケーブルカーが誕生しました。定義は井戸のつるべのように、鋼索《こうさく》（ケーブル）でつながれた車両を巻き上げ機などで上下させる鉄道で、「鋼索鉄道」ともいいます。

世界最古はオーストリア・ザルツブルグ市にある「ライスツーク」で1495年に建設された、との記録が残っています。ただしこれは貨物専用で、現存する最古の旅客用は1873（明治6）年、アメリカ・サンフランシスコに敷設されました。ここのは急坂の多い主要道路の地下に、常に動いているケーブルを多数の車両がつかんだり、放したりする方式です。その2年後には、トルコのイスタンブールで、つるべ式が敷設されますが、これも山ではなく、都市の地下で誕生しました。その後は、山岳における公共交通機関として建設が進められました。

日本では、1918（大正7）年に開業した生駒鋼索鉄道（現・近鉄生駒鋼索線）が最初です。現在、鉄道事業法によるケーブルカーは全国で23カ所。最大勾配は、高尾登山電鉄の608‰。営業距離が最も長いのが比叡山鉄道の2025mです。動力は日本の場合、すべて山頂に置かれたモーターが巻き上げる方式ですが、世界には水力で動くものもあります。

ドイツ・ヘッセン州のネロベルク登山鉄道は、車両に水タンクを設置し、山頂に到着した車両のタンクに水を注ぎ、麓側は逆に排水し、この重みの差で運行しています。日本は鉄道ではない遊戯施設として、高知県馬路村に同様の方式が存在します。

ちなみに、日本で「ケーブルカー」といえば鋼索鉄道を意味しますが、アメリカでは、サンフランシスコのように、常時ケーブルが動いている方式を表すのが一般的です。またイギリス英語で「ケーブルカー」は日本でいうロープウェイを意味し、鋼索鉄道は「フニクラー」と称します。

要点BOX

- ●世界最古は、貨物専用
- ●日本初は生駒鋼索鉄道
- ●日本における最大勾配は608‰

水力ケーブルカー

線路の間のラックレールに車両側の歯車がかみ合い、下る速度を調整しています。
（ネロベルク登山鉄道）

水力ケーブルカーの原理

ワイヤ
タンク
レール
水
タンク
下の駅で
車両から排出された
水は電動ポンプで
上の駅のタンクに
送られるんだよ

Column

車両の性格をあらわす記号

「モハ」「クハ」「サハ」、そしてその後に、3桁か4桁の数字。JRの車両を見ると、車体の真ん中、場合によっては車端などに、こんな「記号」が書かれています。

東京の山手線で目にする「モハE231-031」を例に取ると…。

先頭の「モ」は電動車、モーターが付いている車両を表します。ほかに、「ク」は運転台が付く先頭車、「サ」は運転台もモーターもない付随車です。

次に「ハ」は電車の用途を表します。「ハ」は普通車、「ロ」はグリーン車です。これはその昔、1等が「イ」、2等が「ロ」、3等が「ハ」と称していた名残です。このほか、食堂車は「シ」、寝台車は「ネ」、訓練用や試験車は「ヤ」が、それぞれ当てられます。ただし、JR四国は、民営化後、自社で開発した車両にはこの表記を使わず、4桁の数字のみで表示しています。「1000~3000」が気動車、「5000~8000」が電車です。

次の3桁の番号は、一つひとつの桁が別の意味を持っています。まず百の桁は、電化方式を表します。鉄道の電化方式は直流と交流があります。基本的に相互乗り入れはできません。「1~3」は直流、「7~9」は交流のそれぞれ専用車両で、「4~6」が交直両用です。

十の桁は電車の用途を表しています。「0~3」は通勤・近郊列車用、「5、8」は特急用、「9」は実験車両や、業務を行う特殊な電車です。実は「5~7」は急行用ですが、現在、使われている車両はありません。

最後の一の桁ですが、これは同じ系列の設計された順序を表します。「231」は「23」系列で最初に設計された車種ということになります。ちなみに、この桁の数字は奇数が使われます。231系の次は233系、235系と続きます。このうちJR東日本は自社で開発した車両は「モハE231」と、EASTの頭文字「E」を付けています。

最後の数字は製造番号です。231系の最初の車両は「231-1」になります。ただし、同じ系列でも投入される線区によっては細部が異なるため、1000番台からはじめ、区別しています。例えば東京の埼京線の233系は7000番台が付けられています。

第3章

どうやって止めるの？

22 この先の鉄路の安全を示す鉄道信号

2本のレールを使った「軌道回路」がシステムの基本

鉄道の信号も、道路のそれも、「赤」「黄」「青」が点灯するなど見かけは似ていますが、その意味するところは大きく異なります。

道路の信号は「青」なら進め、「赤」なら止まれなど、その場の安全を表示しているだけです。これに対し鉄道は、この先の線路の状態を示す、業界用語ではこれを「現示」といいます。

鉄道の安全の原則は、駅と駅の間に列車を1本しか走らせないことです。このため1枚の通行票を作り、これを保持している運転士だけが駅間に進入すれば事故は起きません。通行票はいくつかの種類があります。映画などで、大きな丸い輪に小さなカバンが付いたものを、駅長が運転士に手渡していますが、あれは「タブレット」と呼ばれる通行票の1つです。

両端の駅に信号機を設置、駅間に他の列車のいないことを確認し、どちらか一方の駅の信号だけを「青」にすれば、通行票がなくても、事故は起きません。

この駅間、信号と信号の間を「閉塞」といいます。

駅間の距離が長かったり、列車の本数が多くなると、駅間に1本だけでは運用ができなくなります。そこで駅間に複数の信号機を設け、閉塞区間を増やせば複数の列車の運行が可能です。ただし1つ、あくまでも1つの閉塞区間には1列車しか入れません。

閉塞区間内に列車がいるかいないかを検知するのが軌道回路で、これが鉄道の信号システムの基本です。

原理は簡単です。2本のレールを電気回路として下図のように構成します。列車がいなければレールを介し軌道リレーが「ON」、専門的には「励磁」されます。しかし列車が進入してくると車軸で短絡されるため、リレーは「OFF」に、同じく「復旧」した状態になります。このリレーの状態で列車の有無を検知しています。

要点BOX

- ●黎明期は安全のため、駅間には1列車だけ
- ●列車本数の増加で増える「閉塞区間」

閉塞区間の考え方

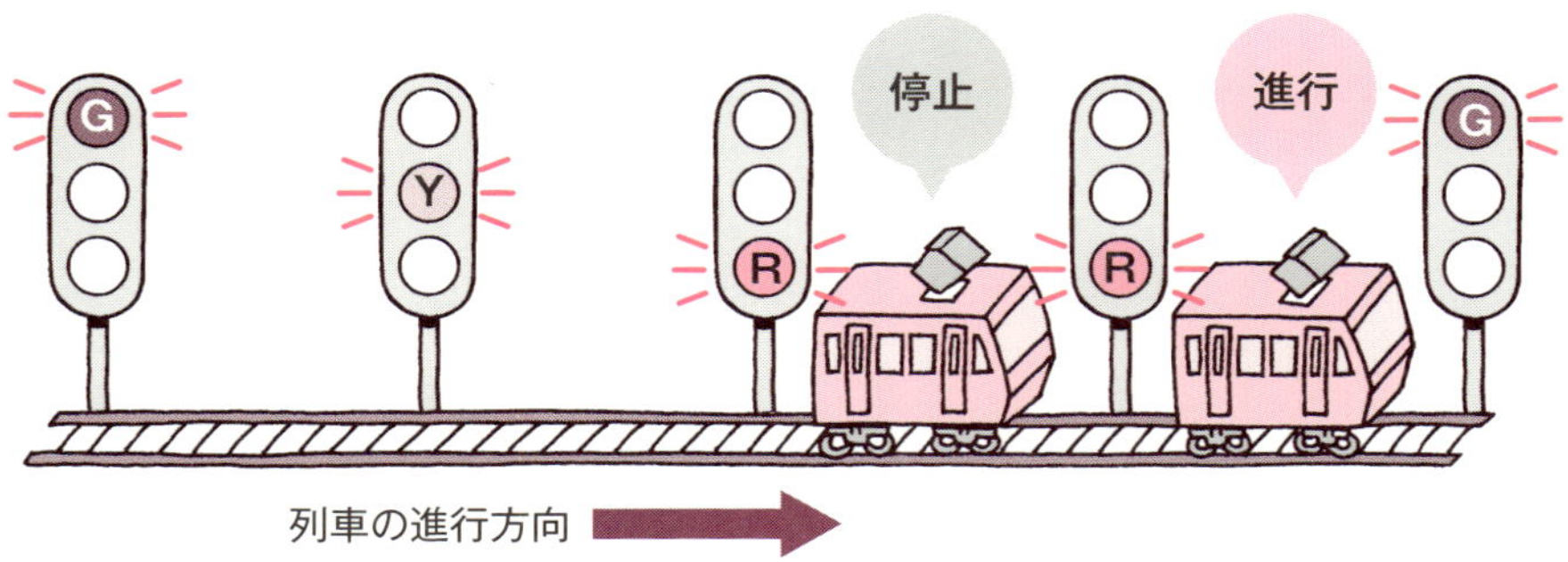

閉電路型軌道回路

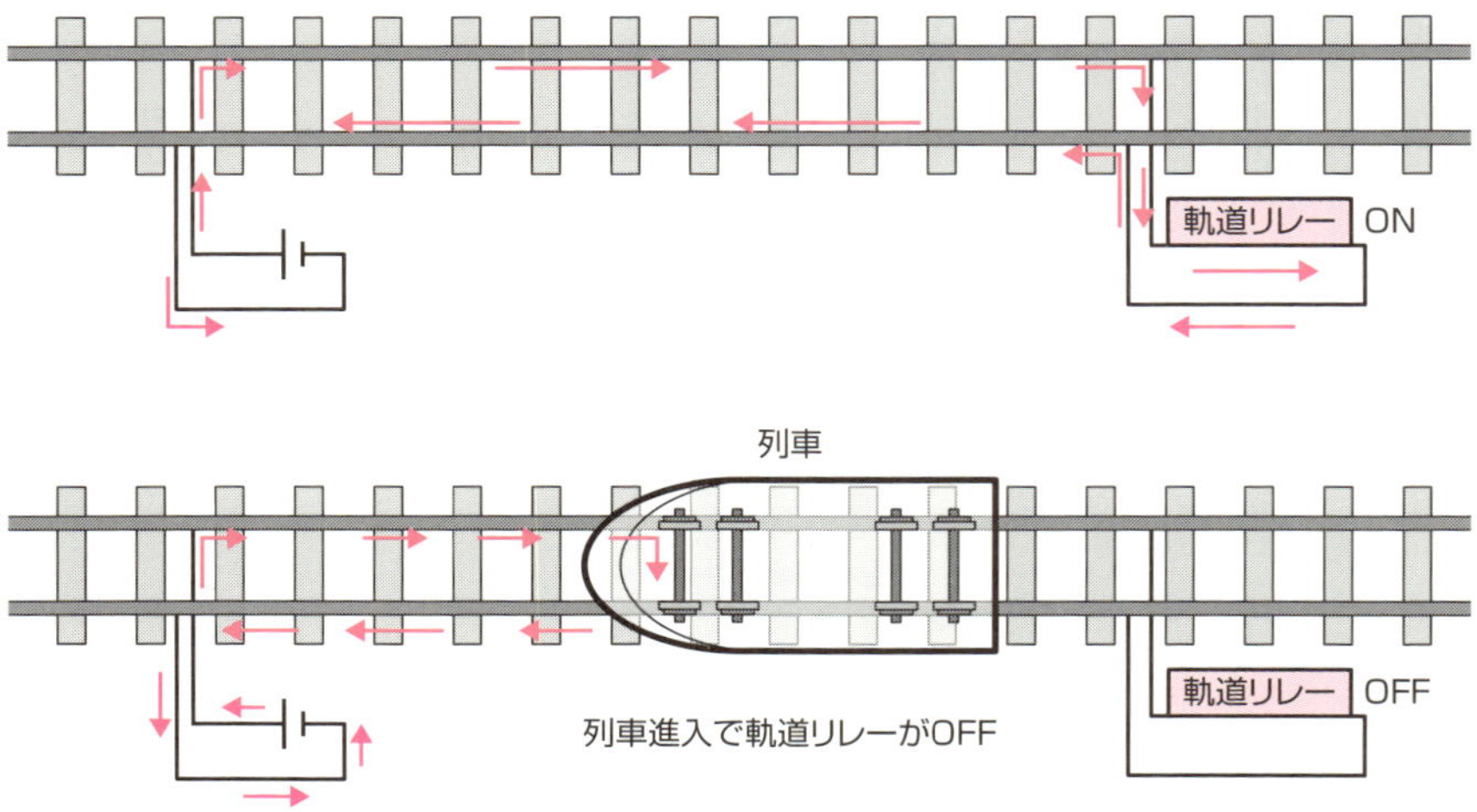

『列車制御』(中村英夫著=オーム社)

23 信号見逃しはATS装置が守る

必要な情報を無線で送るATS―Pの開発でより安全に

信号を守っていれば、事故は起きない、というのが閉塞方式です。しかし運転士がうっかりしていたため赤信号に気付かず進入し、事故になったケースは過去、多数あります。そのため停車しなければならないことを運転士に伝え、警報を与える「車内警報装置」は戦前から開発が行われていました。

同装置に運転士が対応しない時、強制的にブレーキをかける仕組みを取り入れたのが「ATS（自動列車停止装置）」です。基本的に運転士に赤信号を知らせることを目的としていますが、その情報を伝える仕組みの違いから「A形」「B形」「C形」の3種類に分かれます。3種とも国鉄時代の鉄道技術研究所で開発され、A形は、後の新幹線のATC（自動列車制御装置）に進化しました。多くの線区で使われたATSはC形から発展したものです。

1966（昭和41）年に国鉄が全国に設置したこのATS―S形は、列車が赤信号に接近すると警告音が鳴り、運転士が5秒以内に、ブレーキハンドルを制動の位置に置き、確認ボタンを押さないと、ブレーキがかかります。しかし確認ボタンを押した後、そのまま運転し、事故に至るケースもあります。

これに対し公民鉄は、運転士の確認ボタンを省略。ATSが速度をチェックし、危険と判断した時にブレーキをかける「速度照査形」のATSを採用しました。

その後、国鉄は「確認ボタン」を不要とするATS―Pを開発。必要な情報を列車に送る、トランスポンダを線路上に配置し、その上を列車が通過した時点で、赤信号までの距離情報を与えます。受信した列車はそれに応じた速度を計算します。同装置は信号システムのほか、駅手前の踏切などで停車と通過するそれぞれの列車によって、警報を鳴らすタイミングを変えることも可能です。

さらに急カーブへの進入時に、制限速度を列車に報せることで事故を未然に防ぐこともできます。

要点BOX
- ●警告を確認後のさらなる運転にも対応
- ●急カーブへの進入時、速度超過を未然に防ぐ

ATS-S形の制御原理

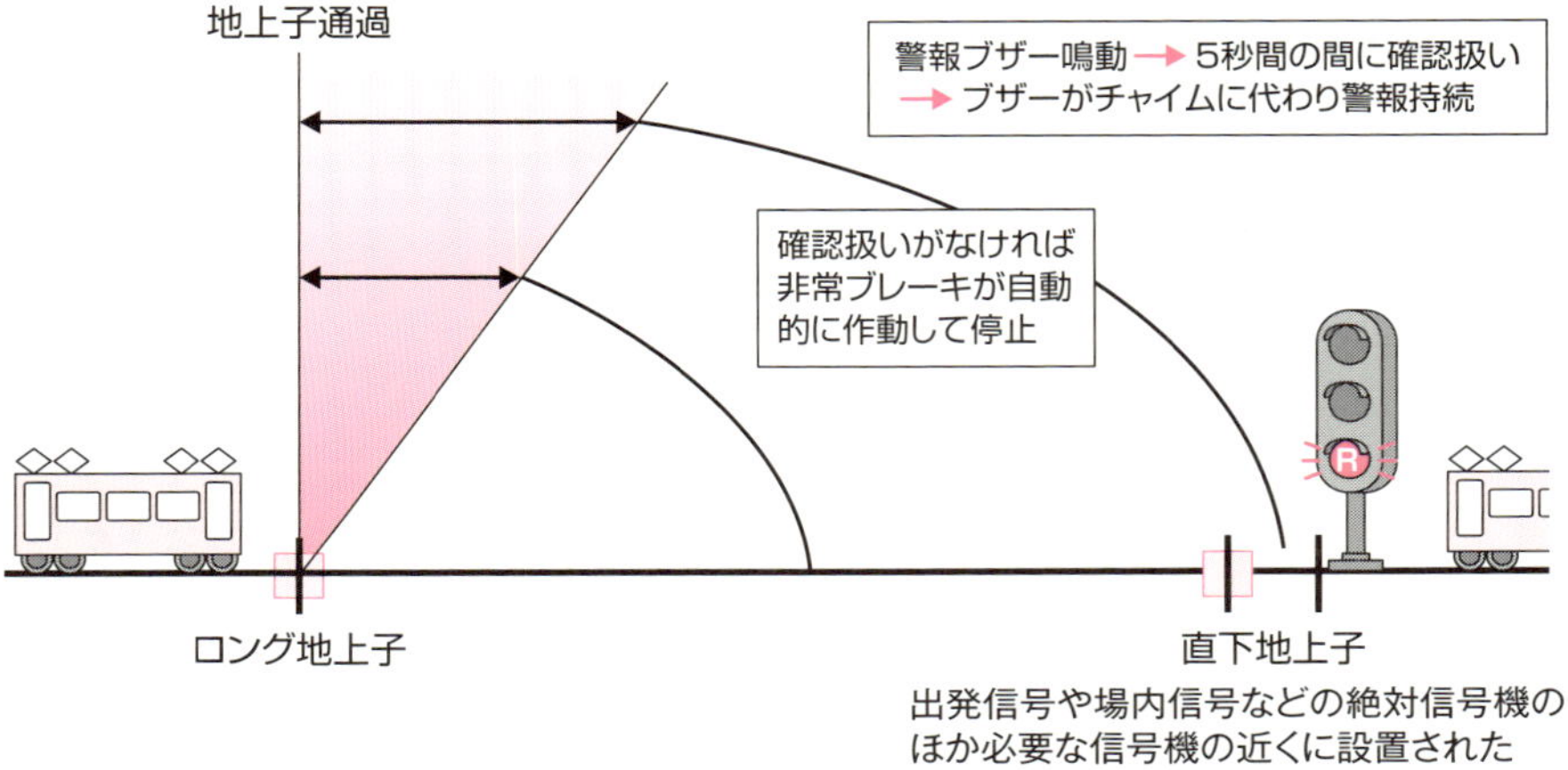
地上子通過
警報ブザー鳴動 → 5秒間の間に確認扱い
→ ブザーがチャイムに代わり警報持続
確認扱いがなければ
非常ブレーキが自動
的に作動して停止
R
ロング地上子
直下地上子
出発信号や場内信号などの絶対信号機の
ほか必要な信号機の近くに設置された

『列車制御』（中村英夫著＝オーム社）

ATS-S形の課題とATS-Sxシステム

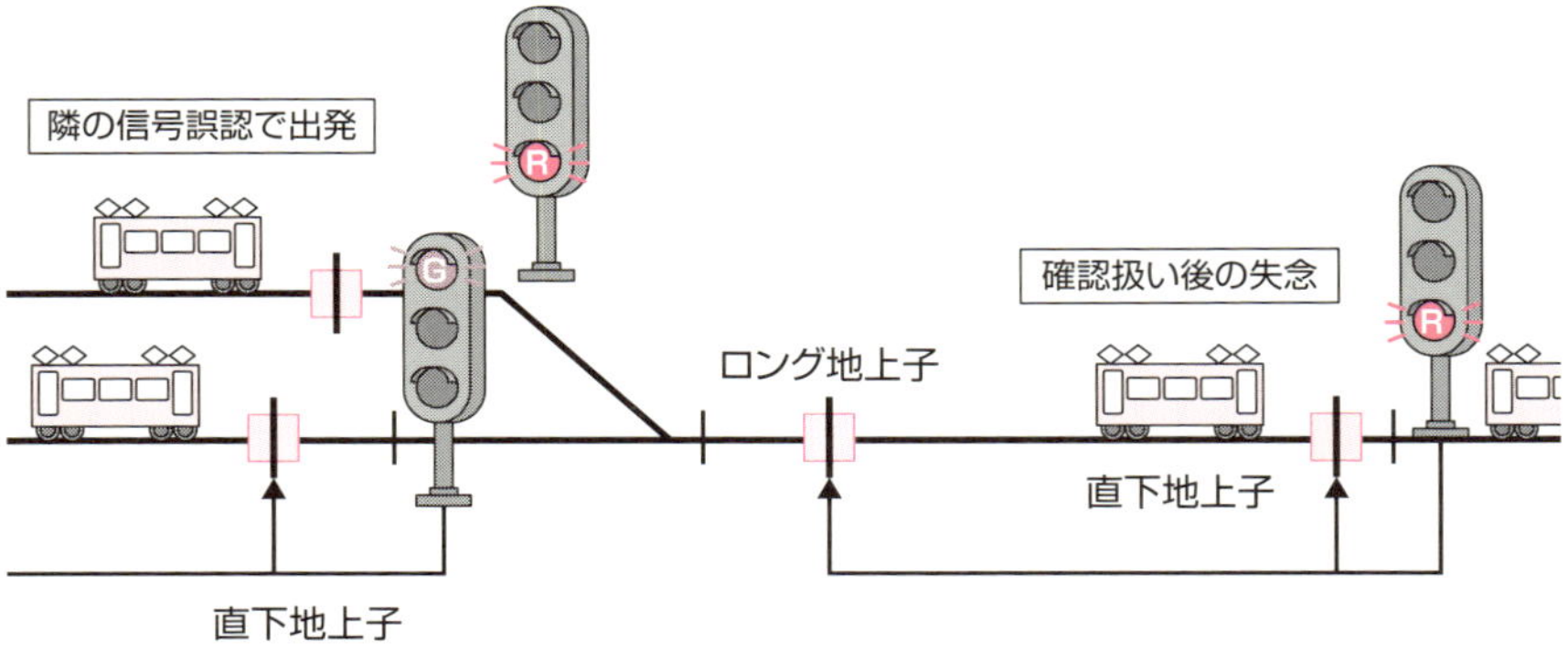
隣の信号誤認で出発
R
G
確認扱い後の失念
R
ロング地上子
直下地上子
直下地上子

：直下地上子を「確認扱いなしで非常ブレーキ作動」に変更
ATS-S形の改良として機能アップされた。このシステムは「ATS-SN」や「ATS-ST」と呼ばれた

『列車制御』（中村英夫著＝オーム社）

地下鉄銀座線に設置された日本初のATS

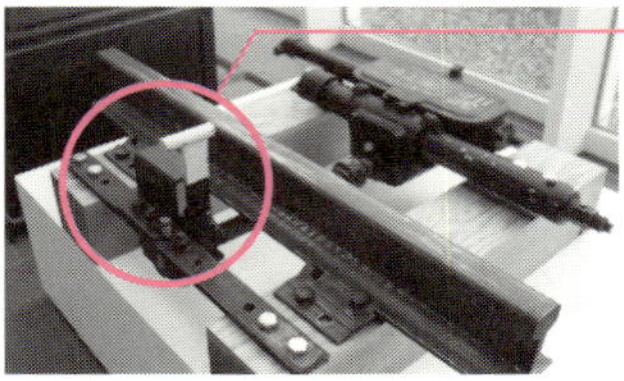

打子式

線路の脇に設置されたトリップアーム（可動打子）は信号機のほぼ真下にあり、信号機が「赤」の時に立ち上がります。その上を列車が通過すると、アームが車両のブレーキ管に接続されたトリップコックに当たり、空気が抜け非常ブレーキがかかります。現在は製造元の京三製作所の本社に保存されていますが、公開はされていません。

24 線路が複雑に交差する駅の安全を守る

昔は駅長、今は自動進路制御

駅と駅の間は、列車の間隔さえきちんと保てれば、各列車は安全に運行できます。しかし駅は、大きくなればなるほど、線路が複雑に交差し、衝突などの危険性も高くなります。そのため各列車の進路をあらかじめ決めなければなりません。一方、列車の遅れや事故などで運転が乱れると、変更も必要になります。この業務を担当するのが輸送指令、センターと呼ばれるところです。

CTC（列車集中制御装置）が導入されるまでは、各駅長と輸送指令の間で調整していました。駅長はその駅の運転状況などを指令に報告、指令は、優先させる列車、逆にその駅で出発を見合わせ待避させる列車など運転順序の変更を伝達。駅長はそれに従ってどの列車をどのホームに進入させるかなど、それぞれの列車の進路を確保します。

CTCが導入されると、これまで駅長が行っていた進路取り扱い操作が、センターの中央装置から直接行えるようになります。東海道新幹線は1964（昭和39）年の開業当初から515㎞に及ぶ全線の駅と、全列車を1つのセンターで管理。その効果が広く認識され、のちの全国的展開のきっかけとなりました。

センターからの指令を確実にかつ安全に実行するのが連動装置です。センターから「次の列車は1番線へ」と指令が来ると、本線から1番線までの分岐器を動かし、かつ途中の他の列車の有無と、進路が確保されたことを確認し、はじめて青信号を灯し、列車の進入を促します。

CTCにPRC（自動進路制御装置）を連動させると、センターでの進路取り扱い作業が自動化されます。新幹線の運行管理システム「COMTRAC」は、本格的な列車運行管理システムです。自動進路制御機能のほか、運転整理、車両運用管理などに加え、電源設備や旅客案内の制御管理などを含む総合管理システムなのです。

要点BOX
- 集中制御が後押しした駅の無人化
- 開業時からCTC導入の東海道新幹線

列車制御用設備と安全性

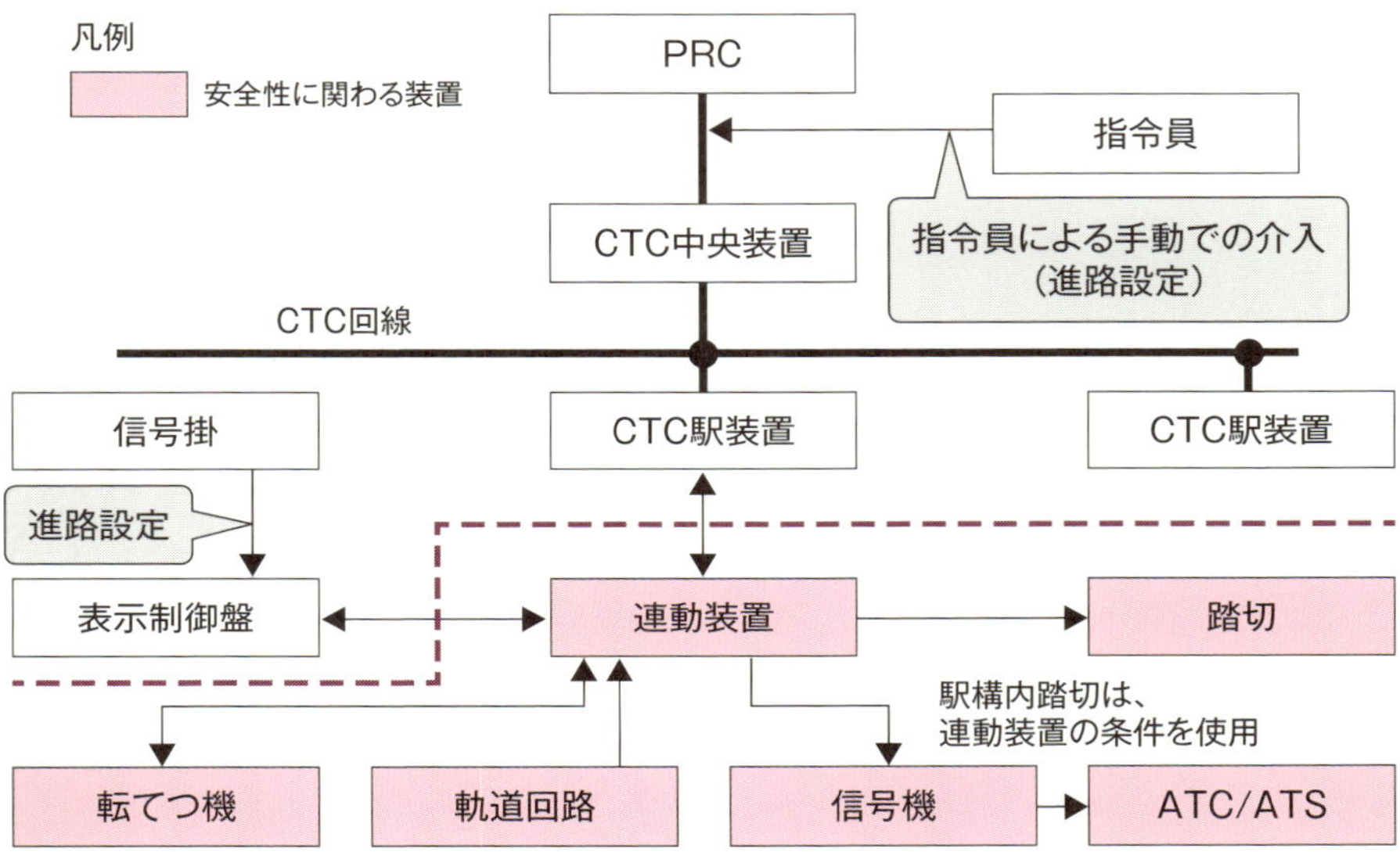

安全性は現場設備の範囲に限定されている。センターや人間により間違った進路設定がなされても、安全性は確保される

『列車制御』（中村英夫著＝オーム社）

運転司令室

路線上のすべての電車の位置を示すパネル（左上）を見ながら全列車の運行を管理します（箱根登山鉄道。現在は設備、場所ともに更新されています）。

25 在来線の速度を規制する600m規定

このルール適用で、最高速度は時速130㎞に

専用軌道を走る「鉄道」は、踏切などを除けば、列車が進む先に邪魔になるものは存在しないことが大前提です。常に前後左右の安全を確かめながら進む自動車とは大きく異なります。しかし、その鉄道でも、突然、前方に障害物が出現することもあります。そんな時「新幹線以外の鉄道における非常制動による列車の制動距離は600m以下を標準とする」と、国土交通省の省令で決められています。

では、なぜ600mなのか。諸説ありますが、その1つに「信号雷管」があります。縦横数センチの四角い小箱に火薬が装填されています。非常時にこれを線路に固定。後続の列車がこれを踏むと「バン」とかなり強烈な音を発し、危険を知らせます。何らかの事情で、自らの列車が線路上で停止した場合、車掌は後続に危険を知らせるため、この「雷管」を線路上に設置しなければなりません。この距離が列車の終端から800m後方と決められていました。危険を察知した後ろの運転士が急ブレーキをかけ、600mで止まれば、あと200m余裕がある、というわけです。ただし、現在は列車防護無線の普及などで雷管は使われていませんが、「600m」だけは残っています。

では、600mで緊急停止できる最高速度はどのくらいか。答えは時速130㎞です。飛行機のように乗客全員が着席し、ベルトをかけているのに対し、鉄道はベルトはおろか、立っている人もいます。その乗客に損傷を与えないような制動では、時速130㎞が限界です。

もちろん新幹線には適用されません。さらに在来線でも「踏切がない」「線路内に人が立ち入らない」などいくつかの条件を満たせば、時速160㎞までは認められています。現在、東京と成田空港を結ぶ京成電鉄のスカイライナーが国内で唯一時速160㎞で走行しています。

要点BOX

- 「雷管」を使った昔の規制が今も健在
- 無踏切など、条件を満たせば時速160kmも

信号雷管の仕組み

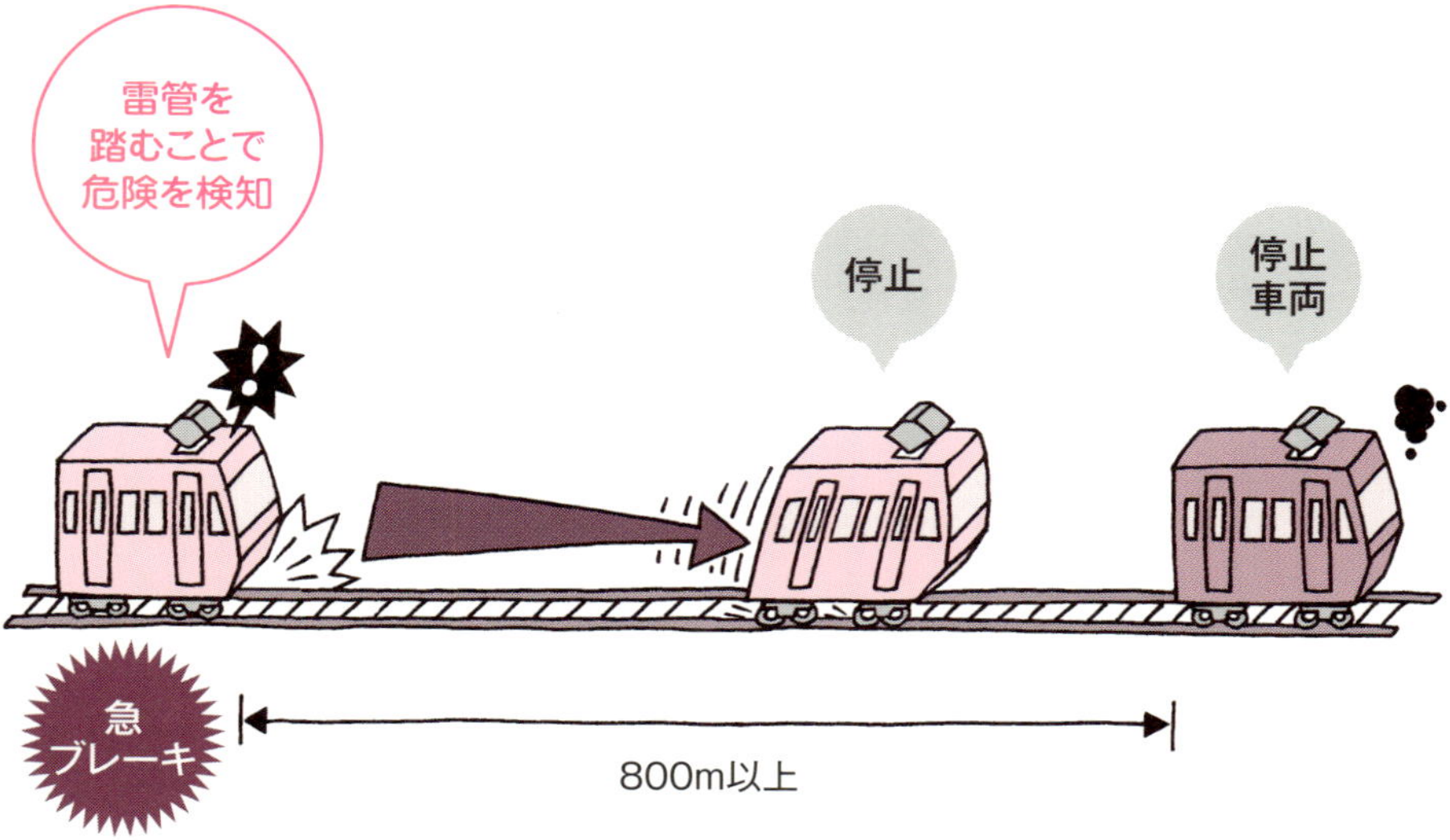

雷管を
踏むことで
危険を検知
停止
停止
車両
急
ブレーキ
800m以上

線路の傾斜や
降雨時などによっても
制動距離は大きく
変わるよ
「緊急停止」
した場合を前提に
最高速度が
決まるのか

26 いかに止めるかは鉄道の永遠の課題

車輪への押し付けから、ディスク、そして電気へ

鉄道はいかに早く走らせるかも大事ですが、それ以上に、いかに止めるかが重要です。紀元前の古代遺跡から馬車の粘土模型が発掘されていますが、ブレーキは何かをタイヤに押し付ける方式でした。この基本的な考えは鉄道でも変わりません。昔は鋳物、今は高分子化合物で作られた「ブレーキシュー」と呼ばれるものを、車輪の踏面に押し付けて減速します。しかし時速100km程度が限界です。それ以上の高速になると、摩擦熱などの問題でこの方式は使えません。

そこで車軸に付けた金属の円盤を両側から挟みこんで制動する、「ディスクブレーキ」が開発されました。ちなみにこの方式は自動車が先行。鉄道は1957(昭和32)年に、狭軌における当時の世界最高速度時速145kmを記録した、小田急のロマンスカー・3000形SE車が、日本で初めて採用しました。

大きく進化したのが、その制御方式です。初期の鉄道は運転台などに設けられたハンドルなどを手で操作し、シューを押し付けたり、放したりしていました。この改良形ともいえる「自動空気ブレーキ」が19世紀末、アメリカで発明されました。編成全体に引き通された1本のブレーキ管に圧縮空気を供給、その減圧操作で各車両のブレーキ動作を指令。現在も貨物列車はこの方式が使われています。

1967(昭和42)年、電気指令式が日本でも実用化されます。運転士からのブレーキ制御指令は、電気信号として各車に送られます。それぞれの床下にはコンプレッサーと圧縮空気を溜めるタンクと、シューを操作するブレーキシリンダーに、必要な時に空気圧を送り込む、複数の電磁弁で構成された制御装置が搭載されています。運転士の指令に従い中継弁を開け閉めし、ブレーキシリンダーに空気を送りこまれることで最適な製動力が得られます。

電車はこれに加え、モーターを発電機として使うことで制動力を得る、電気ブレーキもあります。

要点BOX
- ●自動車が先行したディスク
- ●長大編成も電気制御で運転士の思うまま

ブレーキユニット

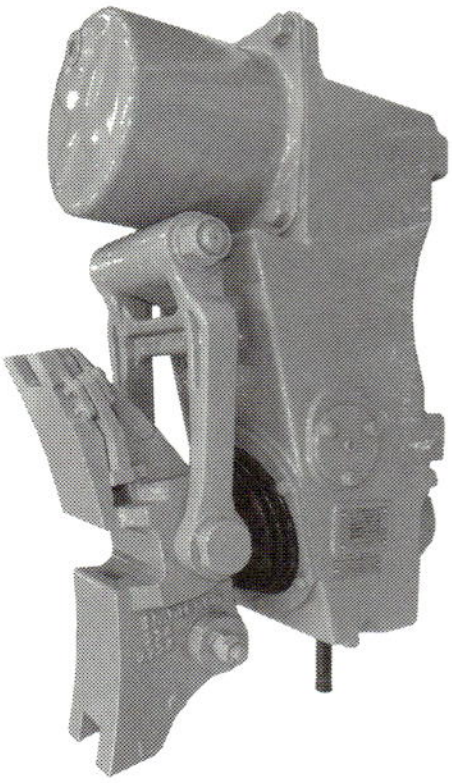

下部半円型の部分に付けられたシューを車輪に押し付けます。
(ナブテスコ提供)

新幹線フルサイズブレーキ試験機

車輪と同軸に取り付けられたディスクにライニングを押し付けます。
(ファインシンター提供)

制輪子ライニング

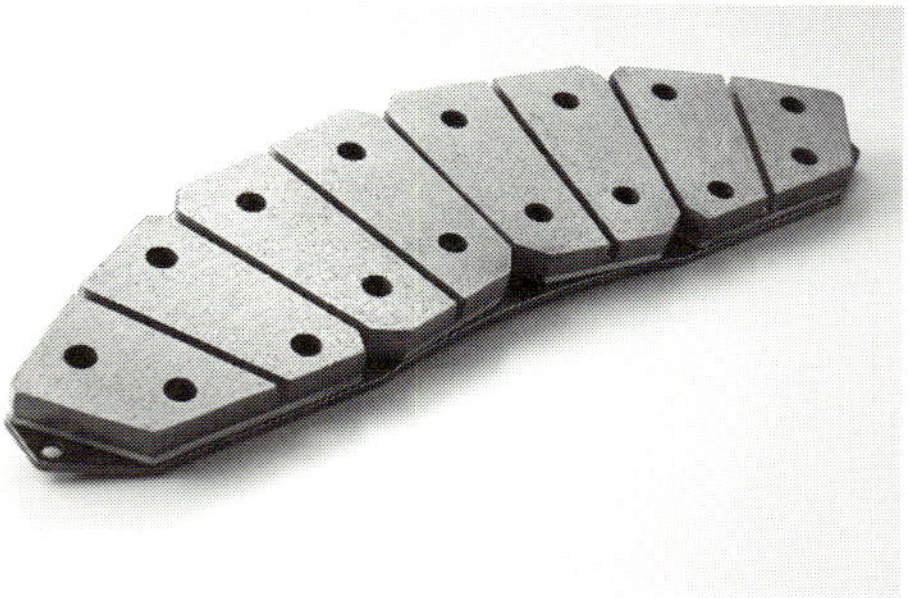

パンタグラフのすり板(15項)と同じように、粉末冶金で様々な金屑を合成し作られています。
(ファインシンター提供)

27 モーターで止める回生ブレーキ

発生した電力は他の電車を動かす動力に

自転車の夜間走行時に、前輪に取り付けた発電機で前照灯を点灯すると、重く感じるようになります。これが電気ブレーキの基本です。モーターを発電機として使うと、負荷がかかり、ブレーキをかけたのと同じことになるからです。

発電された電気は、昔は搭載した抵抗器に流し熱に変換し車外に放出していました。その後、電車の制御方式の変換などで、発生した電気エネルギーを架線を通じて発電所へ戻し、他の車両の動力源とする、回生ブレーキが一般的になります。回生ブレーキを作動させるためには、他の車両が電気を必要としている、需要と供給のバランスが整っていないと、ブレーキ性能は低下します。このため、前項で触れた、ブレーキ制御装置に、もう1つ装置を付加しなければなりません。

運転士が信号などの判断で減速するために、運転台でブレーキハンドルを操作します。すると指令を受けた各車両の制御装置はまずモーター側に必要となるブレーキ力を要求します。モーター側から、その時出力できるブレーキ力の回答が返ってくると、制御装置は、残りの不足する力を出すには、どのくらいの圧力で、シリンダーに圧縮空気を送り込めばいいかを演算し、列車を運転士の操作通りに停止させます。

電車にはモーターが付いている電動車と、それ以外の付随車があります。電動車は回生ブレーキがありますが、付随車はないので、当然、制動力が異なります。

そのため、回生ブレーキの不足分を圧縮空気で補う際に、両車に同じ力を加えると電動車には必要以上の力がかかり、空転の原因となります。これを防ぐため、電車の編成単位で制動力を制御し、すべての車両に、同じ制動力を加えることが求められています。

要点BOX
- ●圧縮空気と電気のバランスを計る制御装置
- ●電動車と付随車、かかるブレーキ力を均一に

回生ブレーキの原理

回生ブレーキを働かせ減速しようとしている電車

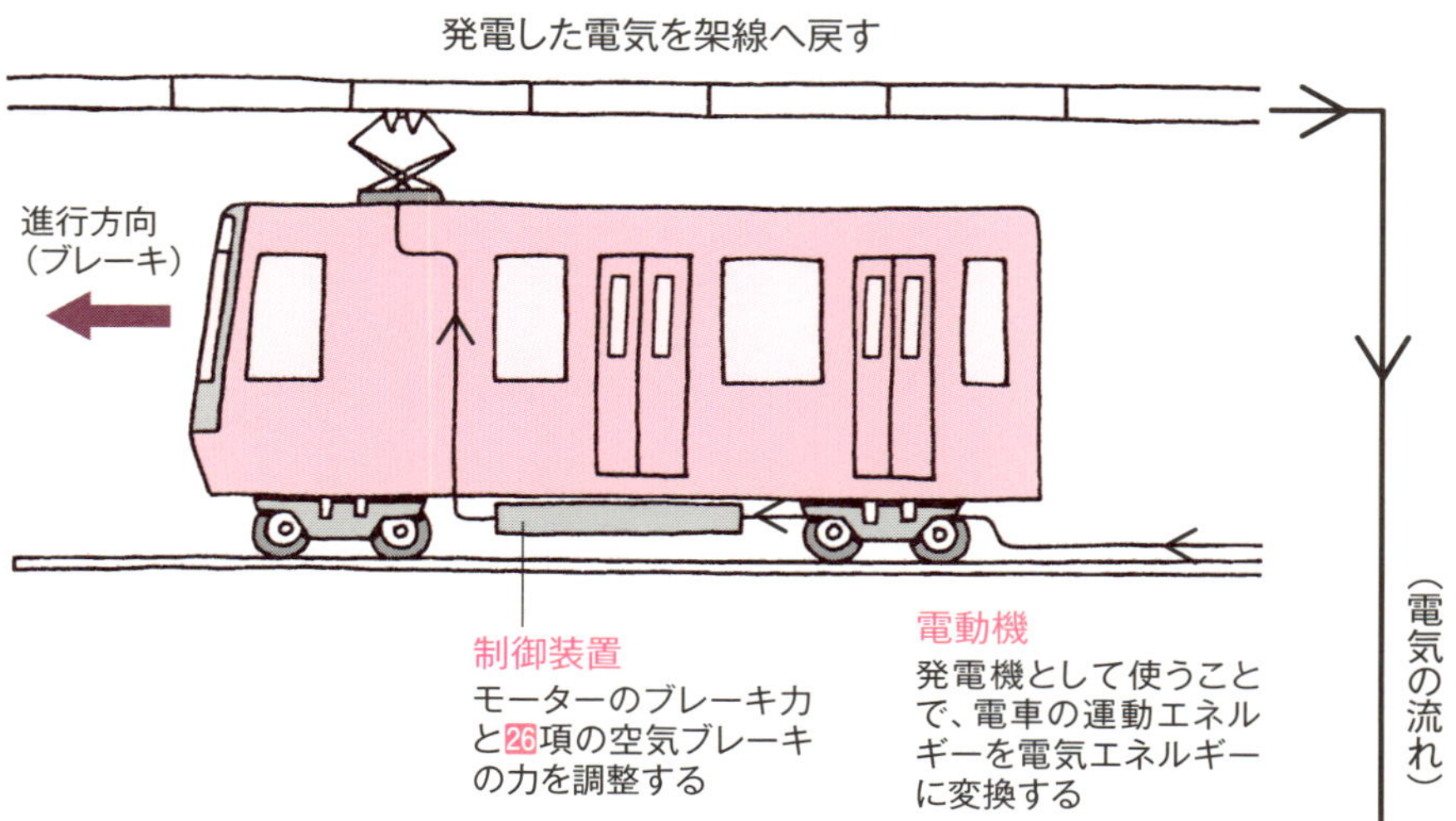

発電ブレーキの考え方

上図と同じ線路上を走る他の力行する電車

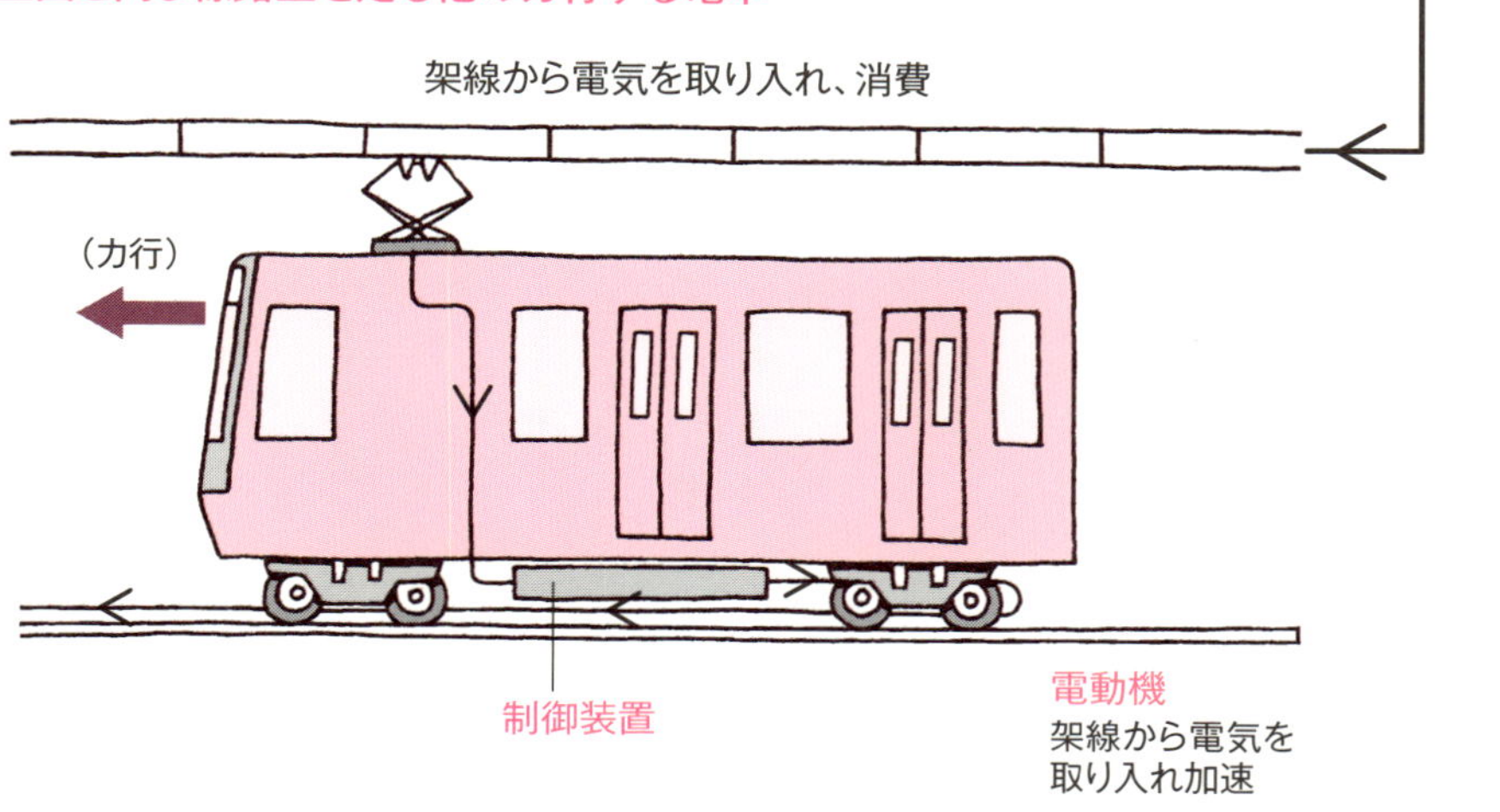

28 無人運転に道を開く次世代列車制御

列車自らが位置を検知し、制限速度を計算

信号機やATCなどは、列車を安全に運行するために不可欠な装置です。しかし無線を活用した、まったく新しい制御システムが誕生しつつあり、線路脇の信号機がなくなることも夢ではありません。

新しい制御システムは列車の位置検知を、列車自ら行います。地上に設置されたある地点からの距離を報せる「地上子」の情報と、車輪の回転で走行距離を割り出す「速度発電機」で、自らの位置を検出、無線を使い地上の基地局へ送信します。基地局は管轄内のすべての列車の位置を把握し、それぞれの列車に対し、どこまで走っていけるかを指示。車上のデータベースはそれを受け、自らのブレーキなどの車両性能、これからの線路の状況、曲線か直線か、さらに勾配などから制限速度を計算し、速度照査パターンを作成し、そのパターンを越えないようにブレーキの調整を行います。これを「CARAT（次世代列車制御システム）」と呼びます。鉄道総合研究所が開発し、現在ATACSとしてJR埼京線などで実用化されています。

ATACSのような先端システムは主要幹線向けと思われがちですが、伝送手段に汎用の携帯電話回線、位置検知にGPS（全地球測位システム）を活用すれば、地方のローカル線での活用も可能で、保守・整備費の軽減は、廃止が論じられているような路線でも存続を可能にします。

さらに、これらのシステムは自動運転化にもつながります。山手線で自動運転の実証実験が行われるなど、自動化への動きは急速に高まりつつあります。

多くの新交通システムでは、完全無人化が進み、また地下鉄でも、東京都営地下鉄三田線、東京メトロ南北線などでもワンマンながら実質、自動運転化が進んでいます。さらに完全無人化への動きはありますが、万が一の時、誰が責任を持って対処するのか、これからはその点が問われれそうです。

要点BOX
- ●携帯電話、GPSの活用でローカル線にも
- ●問われるのは、万が一の時の責任

無線式列車制御システムの制御原理

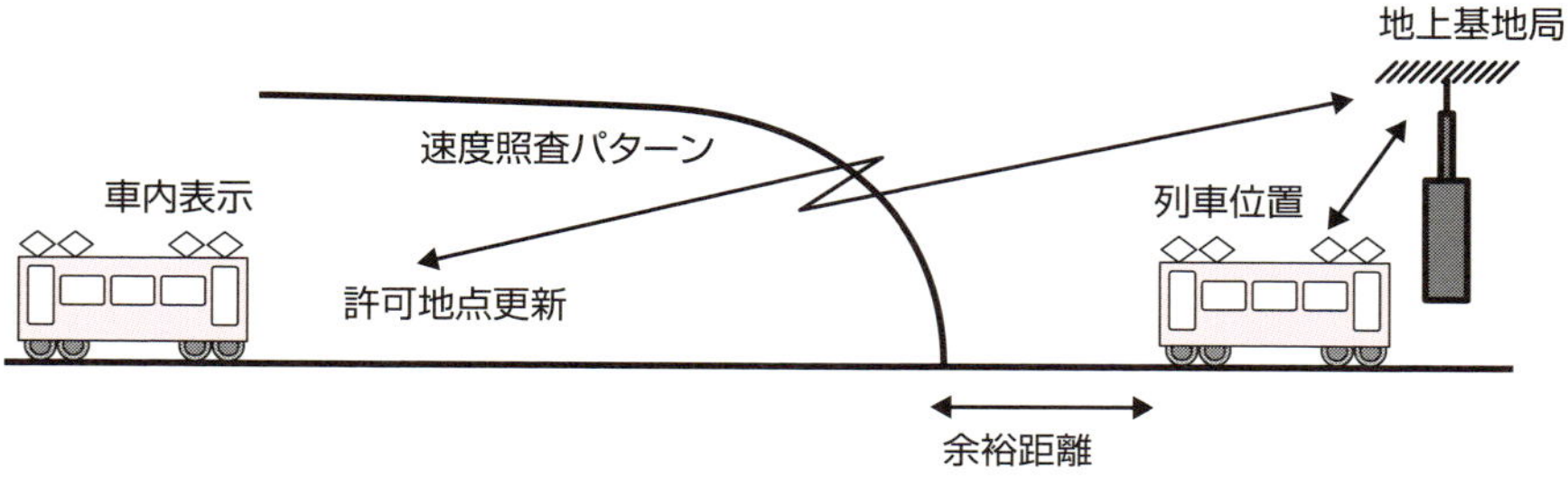

『列車制御』(中村英夫著＝オーム社)

無線式列車制御システムCARATの要素技術

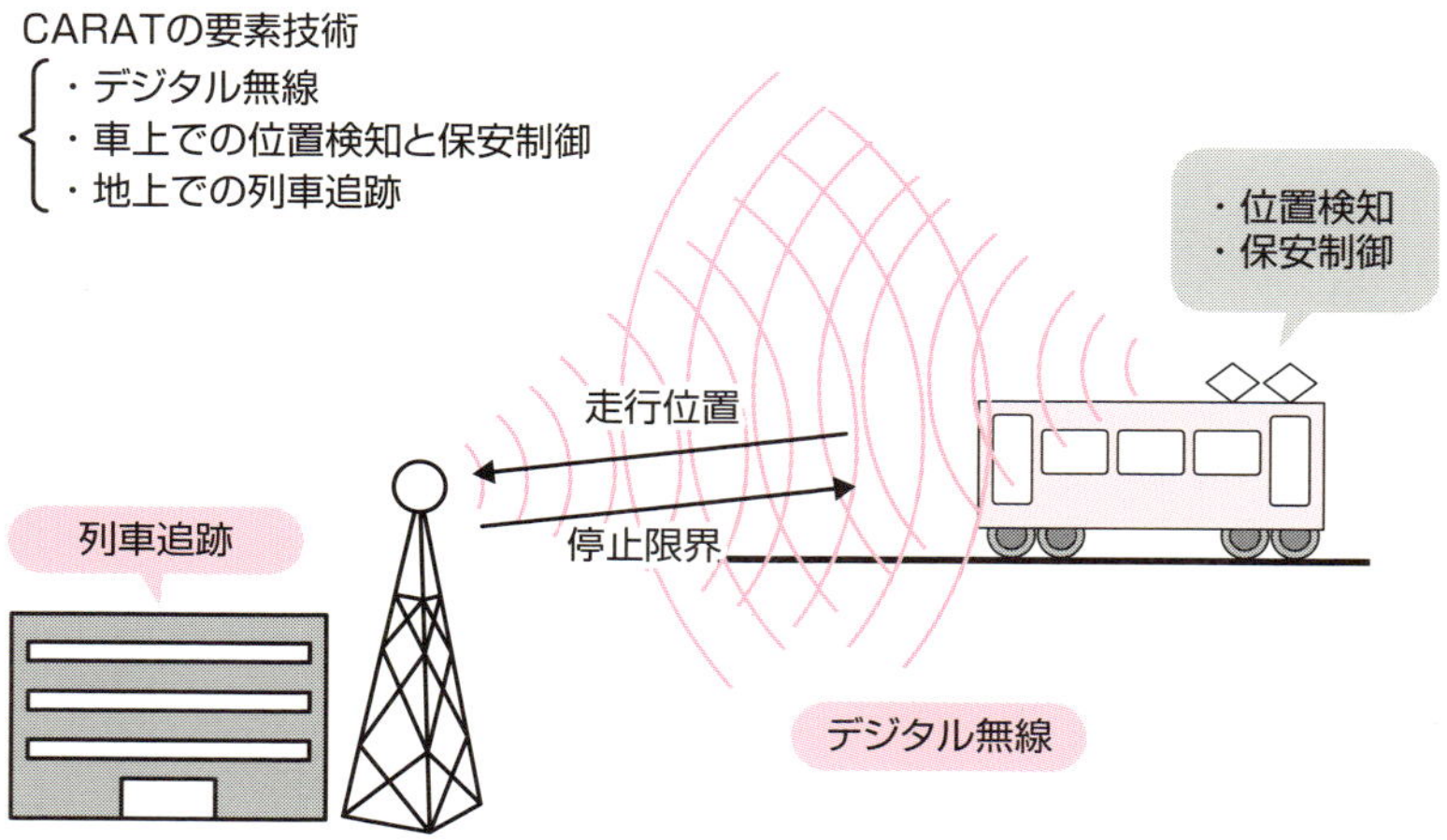

『列車制御』(中村英夫著＝オーム社)

29 すべてを支える車輪の秘密

熱せられた銑鉄から
プレスと回転鍛造で作る

鉄道に限らず、多くの動くものに使われている「車輪」。古代の重要な発明の1つといわれています。その存在を示す最古のものがポーランドにあります。同国南部のクラクフの考古学博物館にある、紀元前3530~3310年頃に作られた土器「BronocicePot」の表面に、四輪車と思われる図が描かれています。

初期の車輪は木製の円盤でしたが、木の幹を輪切りにしたものは強度が不足するため、縦方向に切り出した木材を丸く加工して使っていました。時代とともに素材が鉄に代わっていきますが、強度はより重要になります。その強度を左右するものの1つに、鉄に含まれる不純物があります。

実は日本には世界が認めた「世界一不純物が少ない鉄」があります。日本製鉄和歌山製鉄所の銑鉄《せんてつ》です。実は高炉から出た溶鉄は炭素含有量が4~5%もあります。これを鋳型に流し込んだものが鋳物ですが、もろく壊れやすく、鉄道の車輪は作れません。炭素含有量が減れば強度が増すため、車輪用は「転炉」で溶銑に酸素を吹き付け、炭素の含有量を減らします。

では、どの程度が最適なのか。これには長い歴史があります。大正年間に鉄道省と同社の前身、住友鋳鋼所で実際に模型の車両を走らせて検証し、炭素含有量は0・6~0・7%が最適との結論を得ました。車輪の製造は1000℃以上に熱せられた銑鉄を、2度のプレスで成形し、同社ならではの「回転鍛造」で最後の形状を整えています。

新幹線が時速320㎞で走行している時、車輪は1秒間に33回転します。高速で回転するため、レールに吸い付くように回らなければなりません。そのため最終工程の切削機が直径の誤差を0・2㎜までと、極めて精密に削り込みます。

日本で車輪を製造しているのは同社だけで、この技術は欧米にも輸出されています。

要点BOX
- ●唯一のメーカーが誇る不純物が少ない鉄
- ●直径の誤差は、わずか0.2mm

回転鍛造プレスの原理

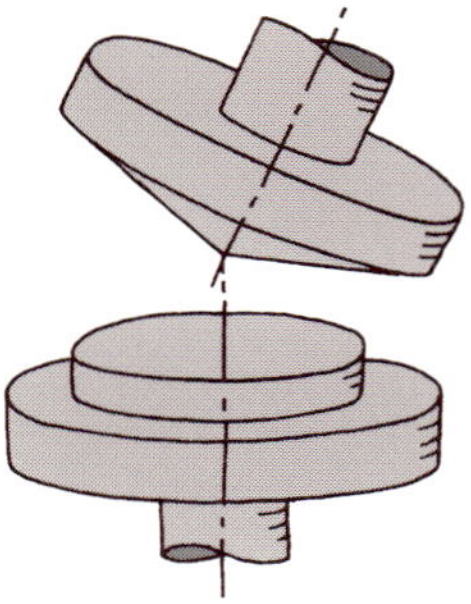

高速で回転する上下の金型の間で車輪の細部を成形。上の金型が傾いていることで、一点に力を集中させることができます。

車輪の形状に成形

（日本製鉄提供）

プレス機で原型が作られた車輪は圧延機で形を整えられます（写真左は加工前、右は加工後）。

できあがった車輪で埋めつくされる工場。

（日本製鉄提供）

Column

「出発進行」と「ハイボール」これらの意味は一緒なの?

運転士が発車時に呼称する「出発進行」の本当の意味をご存知ですか。英語の「レッツゴー」と同じだと思っている方が多いのでは。実は、運転士にとって、安全上、大切な言葉なのです。

鉄道の信号機は、あまたありますが、それぞれ名前が付いています。そのうち、駅のホームの突端にあり、列車の出発を許可する役割を受け持っているのが「出発信号」です。これに対し、駅へ向かう列車に対し、駅への進入を認めるのが「場内信号」です。

次に信号の色ですが、一般の人は「青」「赤」などと表現します。しかし鉄道では色では表現しません。「青」信号は「進行」。「赤」は「停止」、「黄」は「注意」です。

そこで「出発進行」ですが、これは運転士が、目の前の「出発」信号が「進行」であることを、復唱することで確認している重要な基本動作の一環なのです。ちなみに、駅が近づき、「場内信号」が黄色ならば、運転士は「場内注意」と呼称し、必要ならば減速をします。

実は、イギリスにも「出発進行」から一人歩きした言葉があります。

鉄道が初めて営業を開始した1830年代、信号機もさまざまな方式がありました。その1つにホームの端に旗竿のようなポールを建てて、旗の代わりに直径数十センチのボールを取り付け、列車が発車できる状態になると、ボールを先端にまで上げて、運転士(機関士)に知らせていました。

ボールが高い(ハイ)状態にあることから、「ハイボール」が、日本の出発進行のように「さあ行こう」という意味に使われ、いつしかカクテルにもなったといわれています。ただし、「ハイボール」の語源は諸説あるようで、ゴルフ場でスコッチをソーダで割って飲んでいたら、そのグラスに高々と打ち上げられたゴルフボールが飛び込んできた、ソーダから上昇する泡をボールに見立てたなどという説もあるようです。

第 4 章

線路は続くよ

30 後生に禍根を残した、1067㎜の狭軌

新幹線と在来線の軌間が異なるのは日本だけ

鉄道を計画する際に最初に決めなければならないのが線路幅、軌間（ゲージ）です。一般的に軌間が広ければ車両の車幅も広くなり、輸送力も増え、より高速化が可能になります。半面、建設費用や車両にかかる経費、さらに使う土地も多くなります。軌間を狭くすれば、初期費用は安く抑えられるのです。

鉄道の軌間は馬車の轍《わだち》が起源です。1825年、イギリスで開通した世界初の鉄道は4フィート8インチ（1422㎜）で、これは同国で広く用いられていた馬車の轍と一緒でした。それが後に4フィート8インチ半（1435㎜）になり、世界の「標準軌」となりました。これより広いのが「広軌」、狭いのが「狭軌」と呼ばれています。

現在、世界で使われている主な軌間は、最大5フィート6インチ（1676㎜）から、10と4分の1インチ（260㎜）までと多岐に渡っています。1676㎜はインド、パキスタンなど、260㎜はイギリスの保存鉄道に現存します。

ロシア、スペインなどは広軌を採用しておりますが、これは鉄道を使って、ヨーロッパ諸国の軍隊が侵入できないようにしたためといわれています。

日本のJRの在来線や、多くの私鉄が採用している3フィート6インチ（1067㎜）は、アジア、アフリカのかつての植民地に多く見られます。

ではなぜ日本が植民地ゲージになったのか。日本の鉄道の黎明期、イギリスの技術で作られました。当然、線路幅をどうするか議題になりますが、当時の日本の為政者は軌間についての知識がなく、建設費が安価ならと、狭軌を採用したと伝えられています。しかしこれが後世に大きな禍根を残します。

その後、高速化を求める中で、何度も標準軌への改軌を試みますが、戦争などで挫折。新幹線でようやく標準軌の夢が叶いますが、国内に2つの軌間の幹線が存在するのは、先進国では日本だけです。

要点BOX
- ●起源は馬車の轍
- ●他国の侵入を恐れ、変えたレール幅

線路の軌間

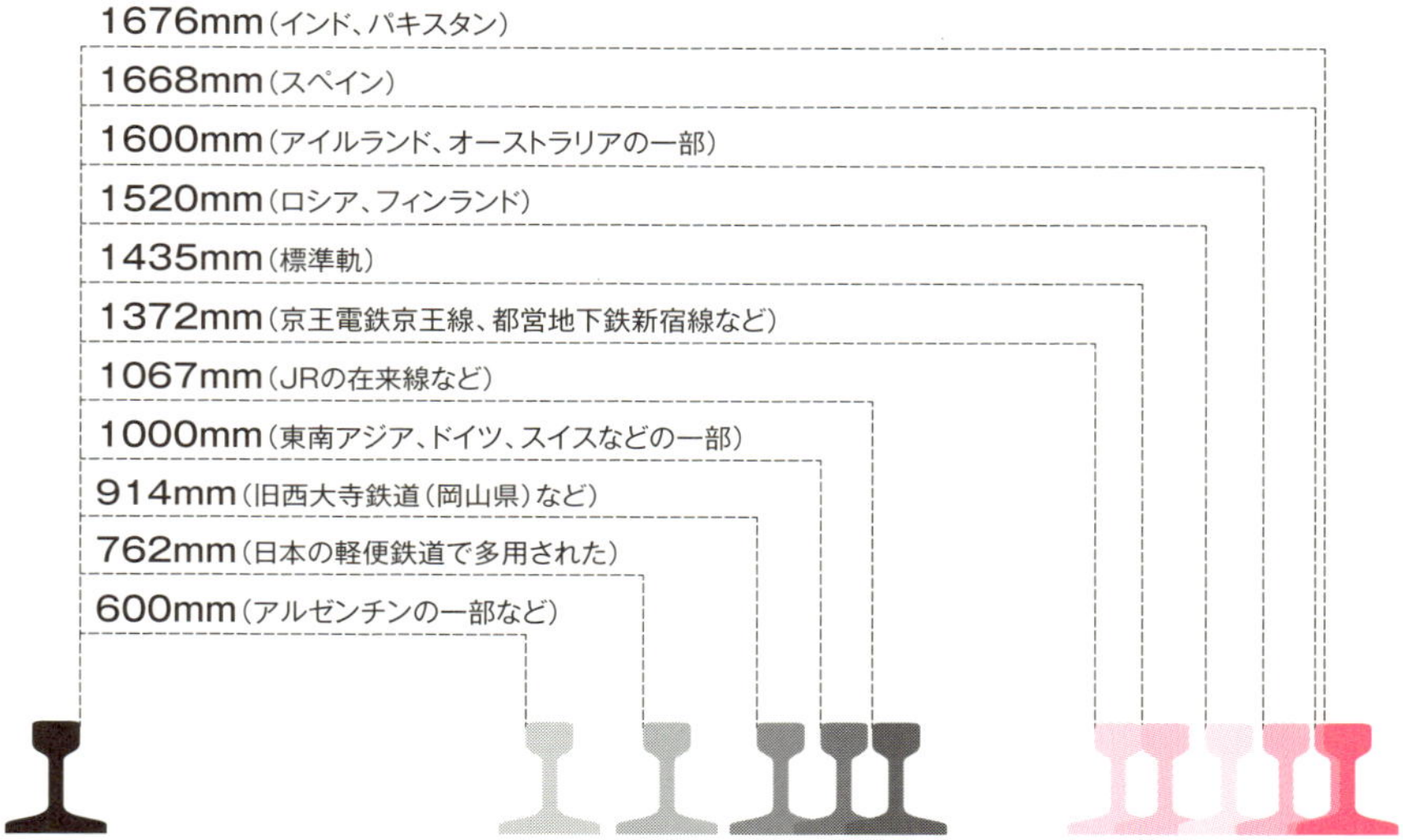

箱根登山鉄道（1435mm）と小田急電鉄（1067mm）が交差する、同鉄道、入生田駅の分岐器。

用語解説

保存鉄道：一度廃止された路線を復活し、主に観光用として運用されている鉄道。世界各国にあり、特にイギリスでは100以上ある。しかし日本では、保存鉄道として独自に運行しているところはない。

31 線路を形成する3つの異なる方式

支える方法はバラスト、スラブにラダー軌道

電車などの列車が走行する通路全体を「線路」と呼びます。線路は地ならしした路盤の上に、道床、まくらぎ、レールが載る構造で、線路とまくらぎをどのように支えるかで、いくつかの種類があります。

「バラスト軌道」は道床に砕石（バラス）を使用します。花崗岩、安山岩、玄武岩などが最適といわれ、①列車の荷重を路盤に均一に分布②軌道に弾性を与え乗り心地を確保③配水を良くし、まくらぎの寿命を長くし、凍結を防ぐ④雑草の繁茂を妨げる⑤振動や騒音を和らげる、など重要な任務を担っています。

道床上のまくらぎは、文字通り最初はすべて木製でした。しかし資源の不足からコンクリート製の研究が進み、列車の荷重がかかっても亀裂が入りにくいPCまくらぎが開発され、現在はこれが主流です。

バラスト軌道に右記の任務を継続させるには、保守作業が欠かせません。それを軽減するために考え出されたのが、「スラブ軌道」です。道床とまくらぎをコンクリートで一体化した構造で、新幹線の高架橋などを中心に広く活用されています。

バラスト軌道もスラブ軌道も、まくらぎはレールに対し直角に敷設されています。これに対し、レールと同じ方向に敷設する構造が、「ラダー軌道」です。PCコンクリートのレールの上に、鉄製のレールが載るような構造のため、荷重が分散され保守作業が大幅に少なくなります。同軌道のうち、バラスト上に敷設するのを「バラスト・ラダー軌道」、さらにラダーまくらぎを防振装置などで、路盤から浮かせた構造を「フローティング・ラダー軌道」と呼びます。

最後にレールです。断面の形状から「双頭」「牛頭」「平底」「溝付」「段付」などの種類があります。1872（明治5）年の日本の最初の鉄道は双頭が主でした。その後、平底に変わり、現在はほぼ100％を占めています。さらに1m当たりの重量で区別され、新幹線は60kgが使われています。

要点BOX
●保線の軽減から生まれたコンクリートまくらぎ
●「双頭」に「平底」。さまざまなレールの断面

軌道構造の種類

バラスト軌道

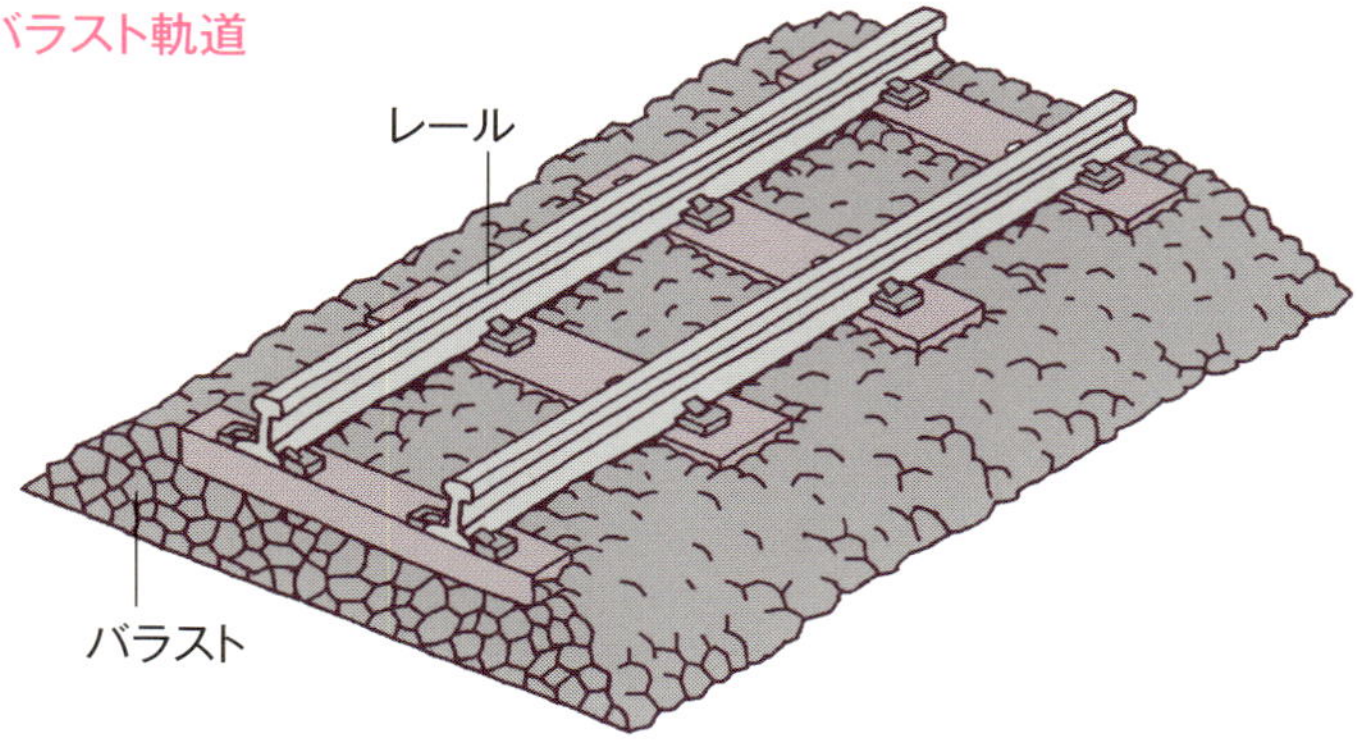

スラブ軌道

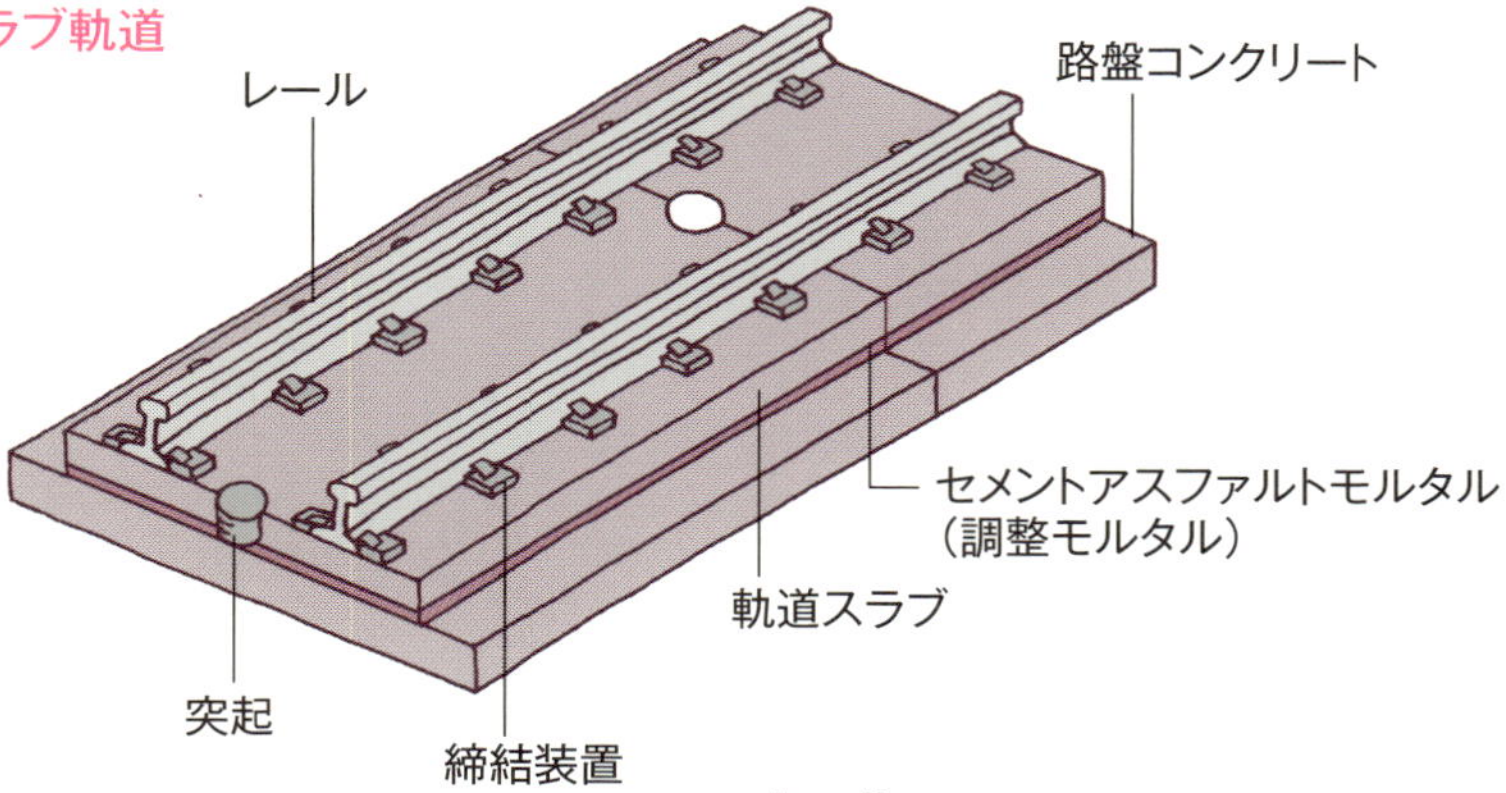

ラダー軌道

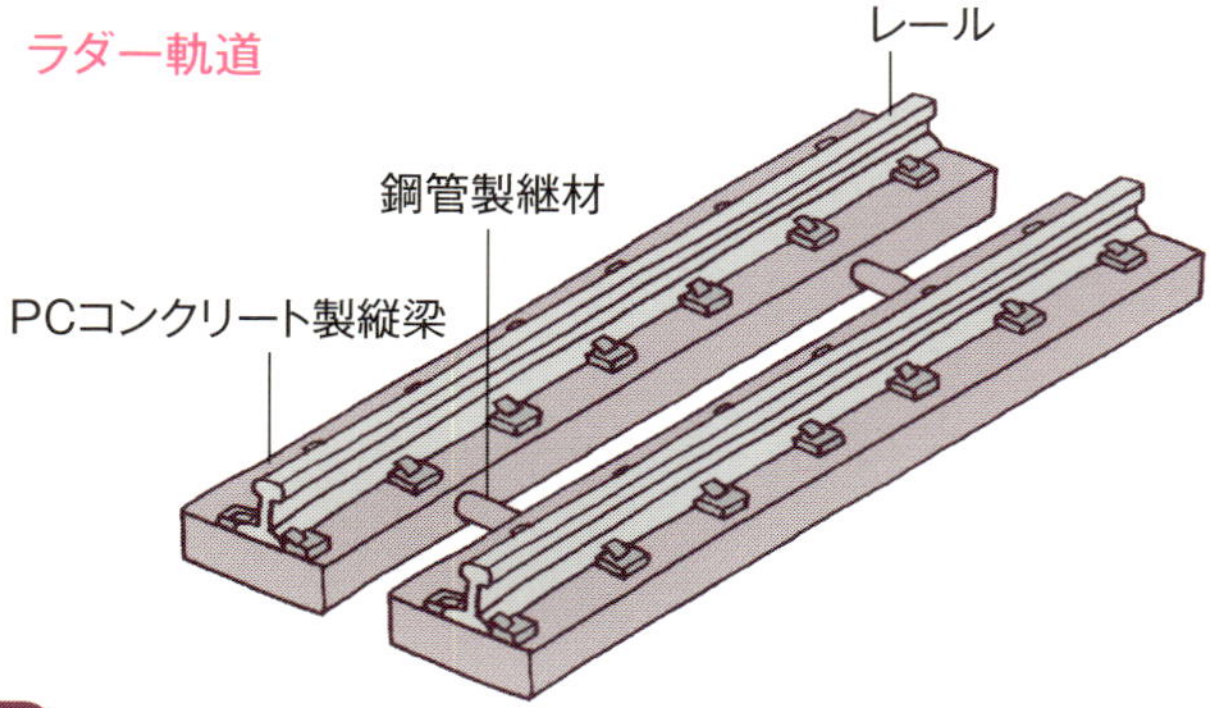

用語解説

PCコンクリート：プレストレストコンクリート。芯に鋼材を挿入することで、曲げに対する抵抗が強くひび割れが起きにくい。

32 分岐器が決める列車の進路

線路上の弱点を補う精密機械

線路上を走る鉄道が車線を変更するためには分岐器が不可欠です。基本的に土木構造物である線路上で、唯一の精密機械である分岐器は、欠線部分があるなど、線路上の弱点でもあり、事故も起きやすく、そのためミリ単位の精度が求められています。

その種類は単純に2方向に分かれる「片開き」から、「両開き」、線路がX字状に交わる「クロッシング」、駅の進入口などで見られる両方向に渡りがついた「シーサスクロッシング」など15種類があります。

さらに同じ片開きでも2本のレールの開き具合（上図のX値）から8、10、12、16、18番などに分かれます。番数が大きくなるほど、分岐側の高速走行が可能になります。ちなみに日本で一番大きい番数は、38番で分岐側の最高速度は時速160㎞です。

中の構造は大きく2つに分かれます。「ポイント」と「クロッシング」です。ポイントは外側の2本の基本レールに挟まれて左右に動き、列車の進行方向を決める「トングレール」で構成されています。

クロッシングは2方向に分かれる線路が最後に交差する部分で、X字型を基本としています。

トングレールは基本レールに接する部分がナイフのように薄く削られ、先端の厚さはわずか数ミリしかありません。このため通常のレールより、車輪が乗る部分の下、「ウエブ（腹部）」と呼ばれる部分が太くなっている「Sレール」を使います。

クロッシングは「ウイングレール」と「ノーズレール」に分かれます。ノーズレールは以前、2本のレールの先端を斜めに削り「入」字形に組み合わせボルトで締結していました。しかしこれでは使用するにつれ、すき間などが生じる課題が残ります。そこで一体成形の技術が開発され、使用する金属も、折損や欠損しにくい、マンガンを含む鉄が使われています。

要点BOX
- 「番数」が大きいほど高速通過が可能に
- 基本構成はトングレールとクロッシング

分岐器と構成部品

分岐器の番数

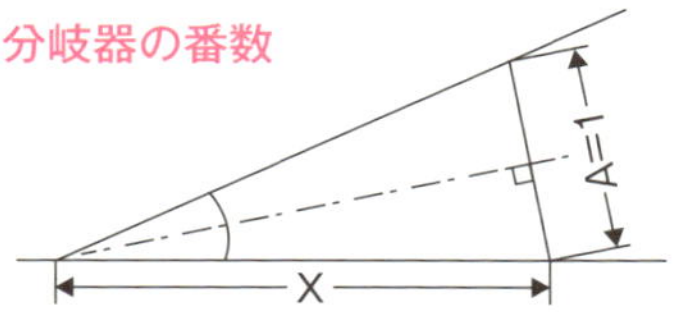

A=1に対しXがいくつになるか。その値が番数となります。たとえば「8番」はX=8で、この数が大きくなるほど2本の線の開く角度は緩やかになり、より高速通過が可能になります。

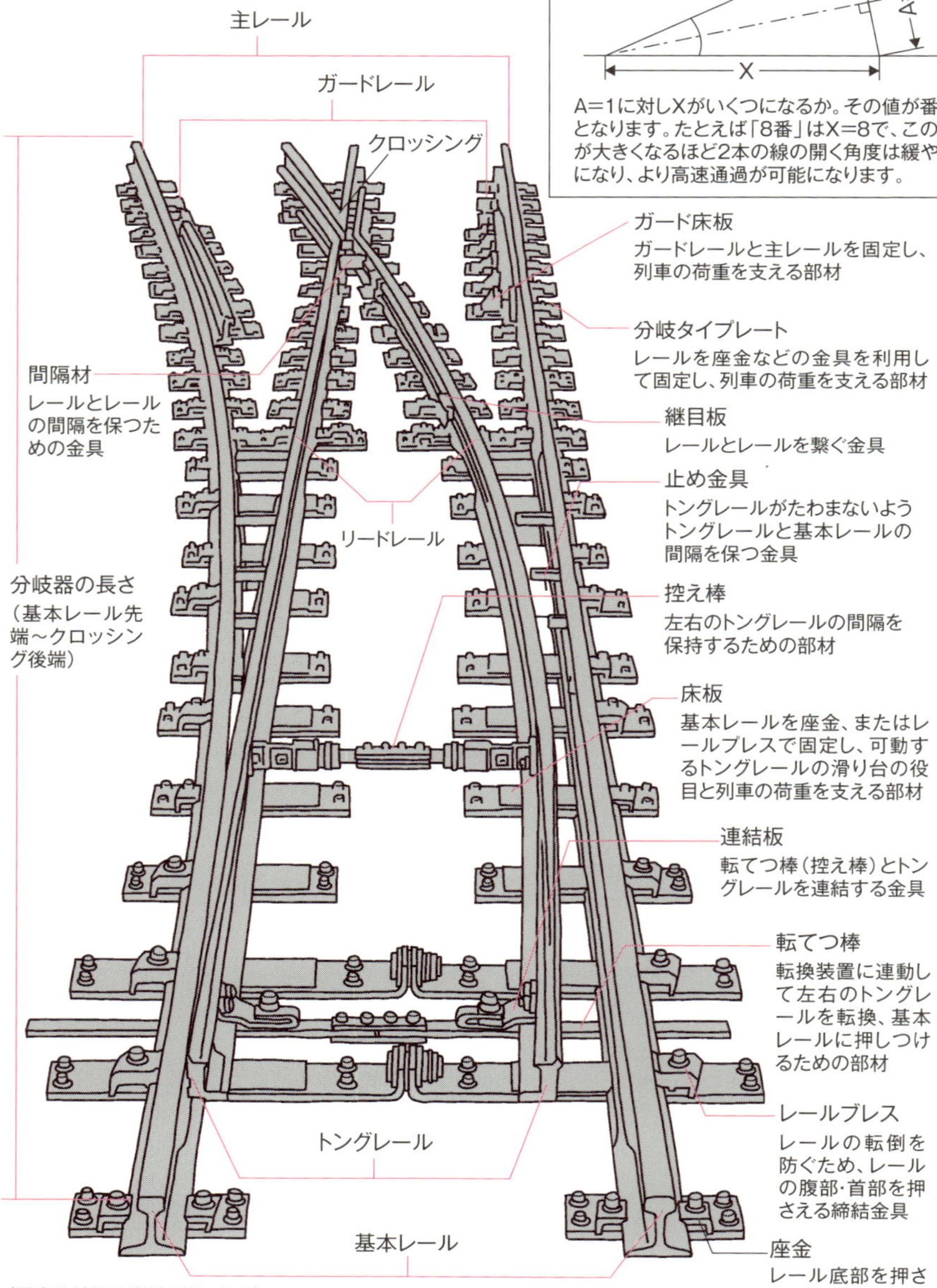

（関東分岐器の資料を基に作成）

33 2本の線路、内外で異なる運用方法

日本は不採用も、欧米では主流の単線並列

複線。いうまでもなく、2本の線路が敷かれていることですが、日本と欧米では、その運用方法が大きく異なります。

日本では線路が2本ある場合、ほとんどは列車の進行方向で分けられています。東北本線を例に取れば、東京方向に向かう「上り」線に、青森方向へ向かう列車が走行することは絶対にありません。本線上の信号システムが1方向にしか対応していないからです。22項で触れたように、鉄道の信号機は列車がある信号機を通過すると、その信号機は「赤」になり、その前は「黄」に変わり、その次は「青」になるなど、連続しています。列車が逆に走ると、この順送りができません。

これに対しヨーロッパのほとんどの国では、2本ある線路を上りも下りも使えるように、信号機も二重に設置されています。あたかも「単線」が2つ並んでいるように見えることから「単線並列方式」と呼び、日本の「複線方式」と区別されています。

単線並列の利点は数多くあります。例えばある区間で列車が立ち往生したとします。複線では、その列車が止まっている限り、後続の列車は動けません。これに対し、単線並列ならば、対向列車の進行がなければ、反対側の線路をある一定区間使い、立ち往生した列車を追い抜くことができます。

また、夜間などの閑散期は1本の線路で上下線を運行し、空いた線路の保守をすることもできます。

日本でも山陽新幹線の開通時、単線並列が検討されたことがあります。寝台列車を走らせるために夜間は片側通行で、保守の時間を確保することが検討されました。しかし計画段階で中止に。在来線などでも、俎上にのぼったことはありますが、信号設備が二重になる上に、列車密度が高い日本の幹線では、利点が少ないなどの理由から、見送られています。

要点BOX
- ●事故対応や保線業務時に威力を発揮
- ●山陽新幹線で検討されるも実現せず

複線方式

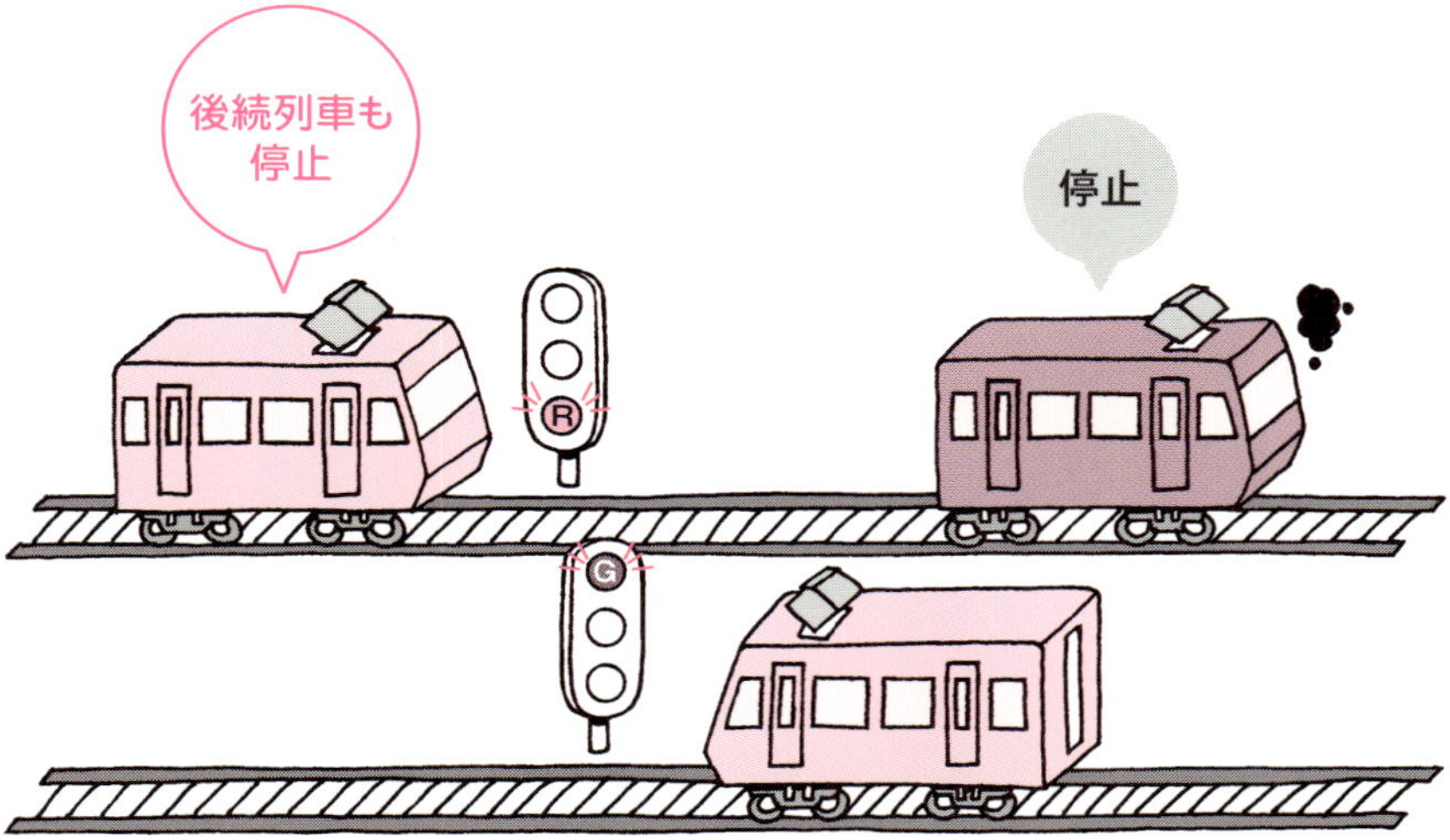

単線並列方式

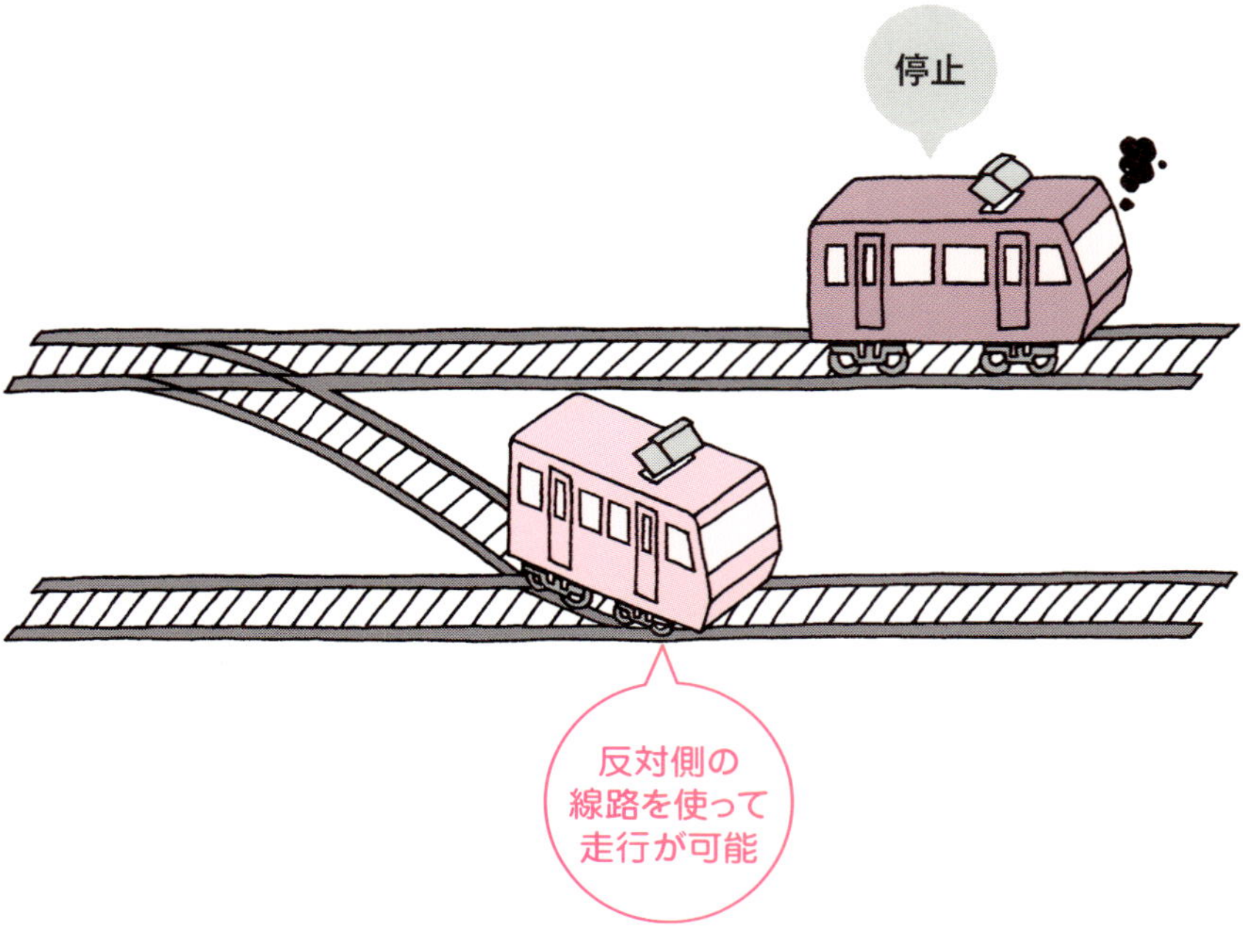

34 「カント」の傾きが遠心力から守る

最高速度が異なる列車が混在する線は、平均速度で

糸の先に石をつけて、ぐるぐる回し、糸から手を離すと、石は飛んでいってしまいます。これを「遠心力」といいます。列車が曲線を曲がる時も、外側に向けた力が働きます。決められた速度以上で曲線に突入すると、遠心力で列車は脱線転覆する可能性もあります。この力に対抗するため、曲線では外側のレールを内側より高くします。その高低差を「カント」と呼びます。

では、どのくらい傾けるのでしょうか。大きければいいわけではありません。必要以上にカントを付けると、低速で進入した時や、何らかの事情により曲線上で停止した時、さらに突風が吹いた時などは、車両が内側に転倒してしまう恐れがあります。

左ページの図がカントを通過する車両の概念図です。重力は常に垂直に働きますから、軌道中心より内側になります。一方、走行中の遠心力は水平方向に働きます。この合力が軌道の中心方向を指す時が、「均衡カント」になります。

線路上を走る列車は特急列車から貨物列車まで、さまざまな速度で走行しています。当然、曲線を通過する速度も異なります。このため、平均速度を求め、最適なカントを設定しています。

鉄道車両にはもう1つ、曲線を曲がるための仕掛けがあります。自動車が曲線を通過する際、後輪の内側のタイヤより、外側のタイヤの方が多く回転しなければなりません。そのため2つの回転数を調整する差動装置が付いています。

しかし鉄道車両にはこれがありません。このためそれぞれの車輪は外に行くほど直径が短くなる、テーパー（傾き）が付いています。曲線に差し掛かると、車輪は遠心力で外側に振られます。すると内側は直径の短い先端部分が、逆に外側は太い内側でレールと接することになります。これで回転数を調整しているわけです。

要点BOX
- ●傾け過ぎは、低速時に転倒の恐れも
- ●差動装置と働きは同じ、車輪のテーパー

カント

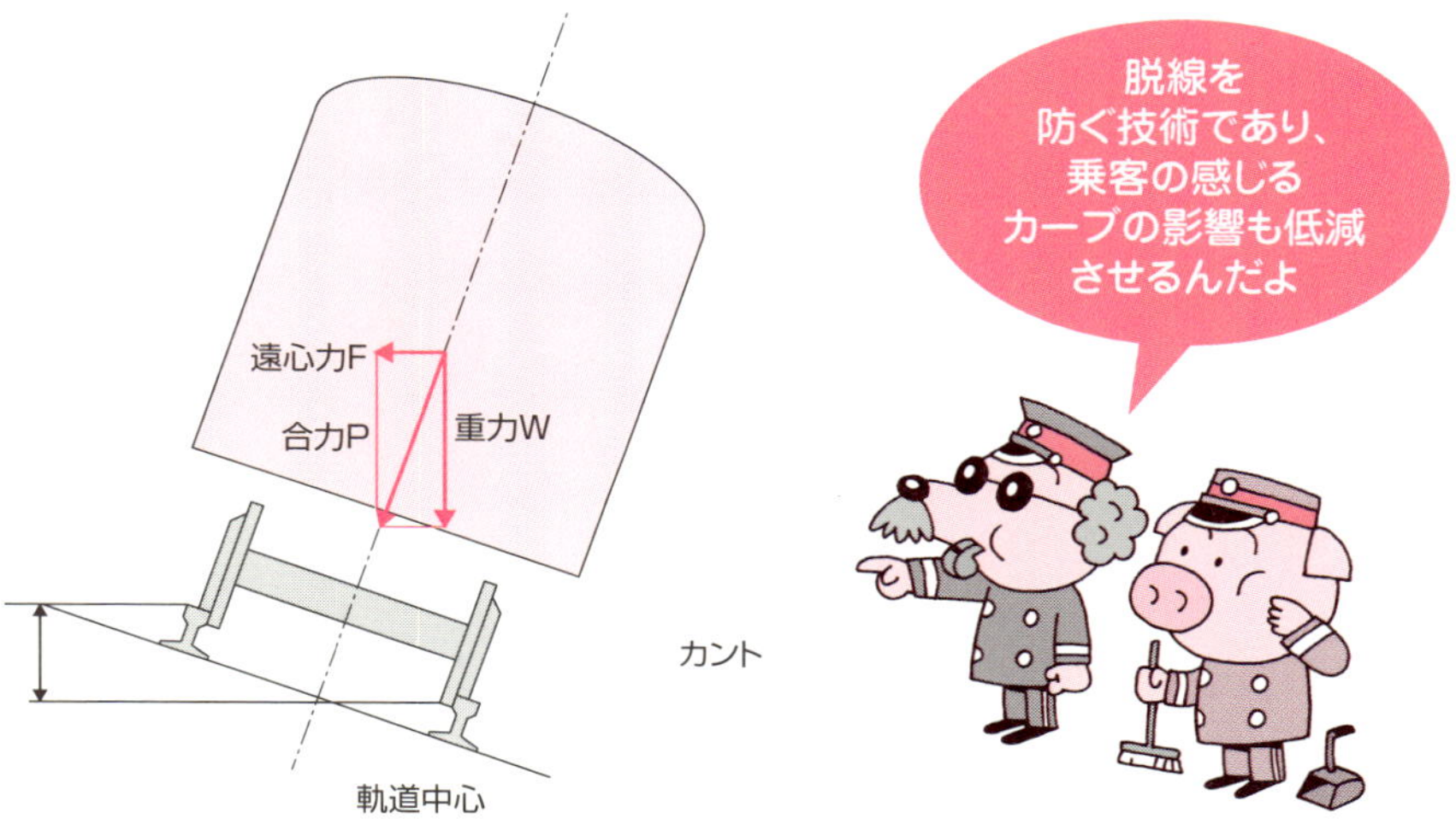
遠心力F
合力P
重力W
カント
軌道中心
脱線を
防ぐ技術であり、
乗客の感じる
カーブの影響も低減
させるんだよ

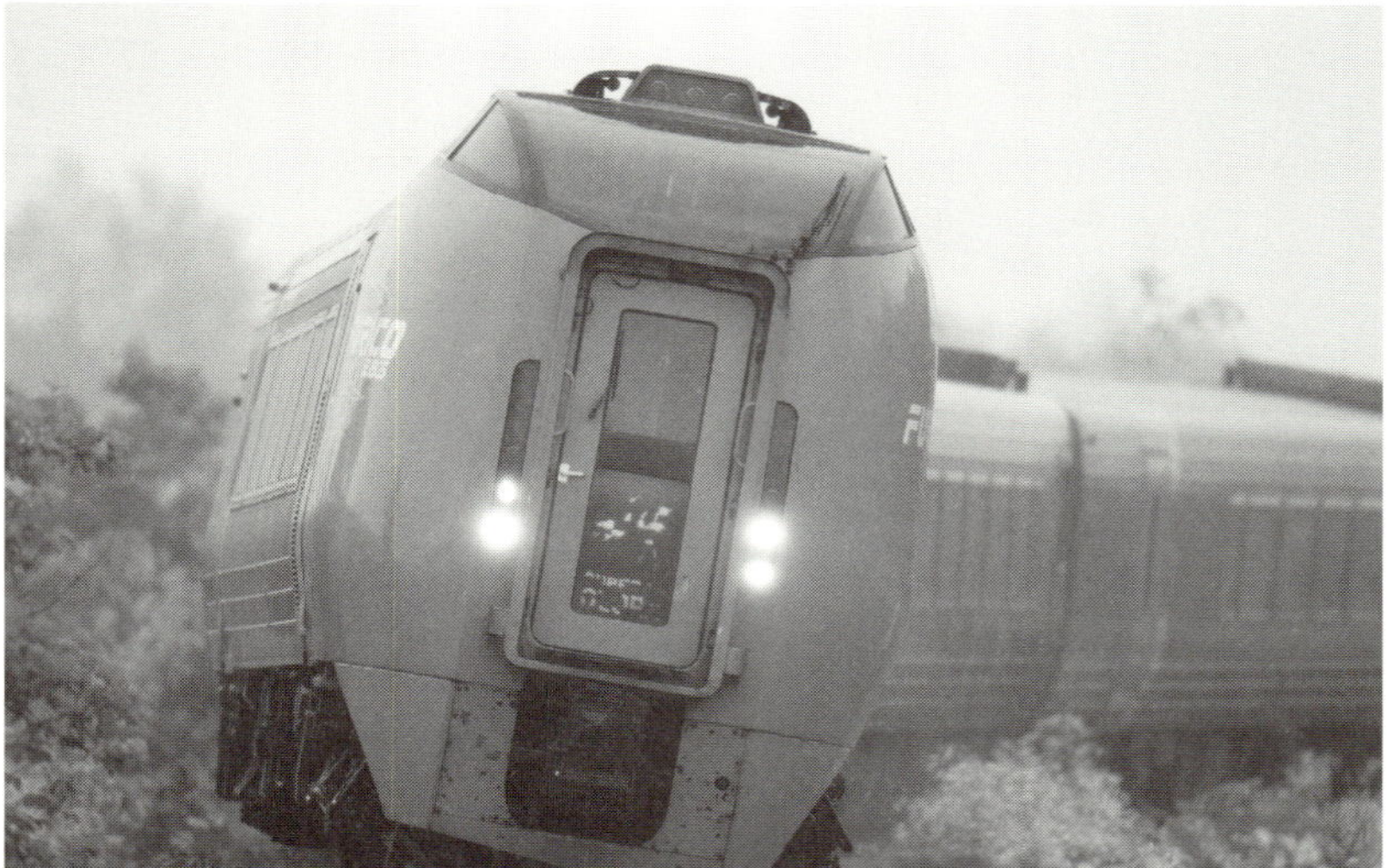

（田山浩一提供）

カーブで大きく傾くキハ283系。JR北海道が1997（平成9）年から、運用している特急型振子式気動車。

35 レールの傷をいち早く検知する探傷車

超音波を駆使し、内部の傷から溶接不良、腐食までカバー

「鉄の道」と書くだけに、レールは極一部を除き、鉄道にとっては不可欠の存在です。そのレールは、日々重い車両が通過するため、衝撃と振動で歪み、曲がり、そして内部にさまざまな傷ができ、そのまま放置すれば、乗り心地に影響を与えるとともに、最悪の場合、折損などから大事故にもつながりかねません。そのために定期的に監視し、かつ必要な措置を素早く講じなければなりません。

「レール探傷車」は走行しながらレール内部の傷、腐食などを検出することができます。そこで使われているのが超音波です。人間の耳は20Hzから20kHzまでの音を聞き分けることができます。しかしそれ以上の高音は聞き取ることができません。その帯域を「超音波」といいます。同波は指向性が高く、物質の中でも伝わっていきます。しかし均一の物質の中では直線的に進みますが、異質の物体との境界面では反射する性格を持っています。この原理を応用しレールに向け超音波を発すると、中に不純物がなければまっすぐ進みますが、途中に傷などがあると、その中の空気などの異質物で反射、それを検知すれば、傷の有無がわかります。

さらに、レール溶接部分の融合不良、レールの底部に水分がたまっているか、踏切やトンネルなどで発生しやすい腐食なども検出できます。

さらにレーザー光と工業用テレビカメラでレール断面を撮影し、あらかじめ記憶させた新品のレール断面と比較させることで、摩耗の有無を調べることもできます。

不良カ所は車両上のディスプレーに映り、その映像は記憶されるのはもちろん、傷を発見すると、走行中に、その部分のレール側面に塗料を吹き付け、後の修復作業の効率化を図っています。

現在、日本では外国製を含め21両が活躍。そのほか手押し型の探傷器も活躍しています。

要点BOX
- ●レーザー光とテレビカメラで摩耗の有無も検知
- ●不良箇所のマーキングで保線作業の効率化

手押し型探傷器

押し型の
「超音波レール探傷器」。
（東京計器レールテクノ提供）

レール探傷車

JR北海道の最新型の
「超音波レール探傷車」。
（東京計器レールテクノ提供）

頭部横裂

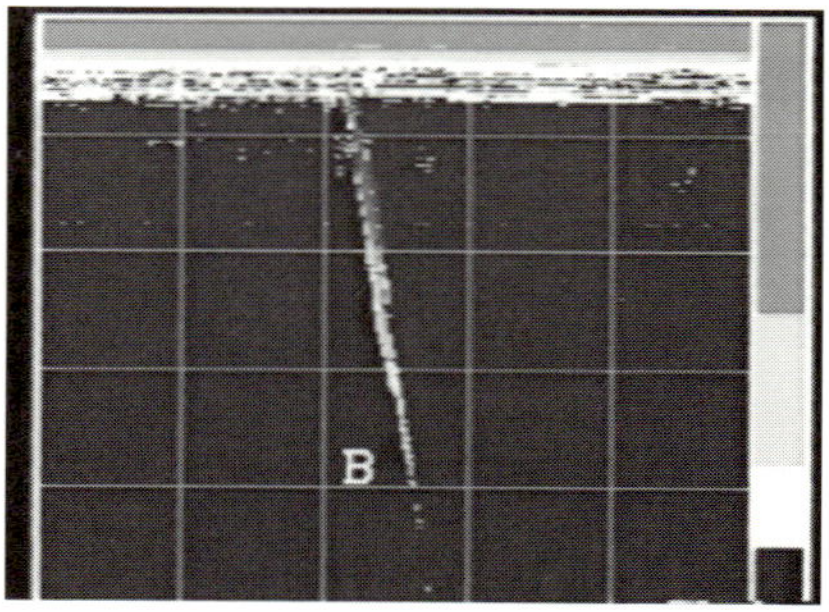

レール内部の傷を発見
するとディスプレー上に
白い線で表示。
（東京計器レールテクノ提供）

36 軌道検測車が線路の狂いをチェック

左右の歪みはレーザー光線、上下の歪みは車輪で計測

列車の負荷で狂うのはレールばかりではありません。バラスト上にまくらぎを並べレールを敷設している線路そのものも、日々手を加えなければ安全は保証されません。保守などが軽減されるスラブ軌道などでも、決して万全ではありません。常に診断し、必要な手当てを施す保線業務は不可欠です。

線路の状態を監視する仕事は、1950年代までは、保線作業員の足による点検に頼っていました。しかし列車の本数が増加し、高速化することで、さらなる効率化が求められるようになりました。そこで、通常の列車と同じ速度で走行しながら、線路の状態を監視する、「軌道検測車」が開発されました。その進化した新幹線用が「ドクターイエロー」です。JR各社は、新幹線用はもちろん、在来線用にも同様の車両を所有しております。

JR東日本の「East-i」（電気・軌道総合検測車）の編成は、新幹線用が6両、在来線用は3両です。各編成の内の1両で、軌道検測業務を行っています。

線路は列車の走行で時間の経過とともに、上下左右に歪みを生じます。特に高速で走行する新幹線はわずかな歪みでも乗り心地に大きく影響します。

そこで検測車は、床下に取り付けられたレーザー光線で線路の左右方向の歪みを計測、さらに線路の上下方向の歪みは、前後の台車に付けられた4軸の車輪のうち、3軸の車輪の上下動で読み取ります。いずれもミリ単位で計測します。

新幹線で約10日に1回、在来線で3ヶ月に1回程度行われ、集められたデータは保線担当者に送られます。さらに新幹線では、保線作業の仕上がり具合の確認のためにも使われます。

過去の検測データを蓄積することで、将来のレールの損傷などを予測する方法なども構築され、「壊れたら直す」から「壊れる前に直す」へ進化しつつあります。

要点BOX

- ●通常速度で走行しながら監視
- ●新幹線で10日に1回、作業結果も見守る
- ●過去の検測データの蓄積で将来を予測

East-i-E

JR東日本のEast-i-E（在来線用電気・軌道総合検測車）。　（JR東日本提供）

軌道狂い

高低狂い

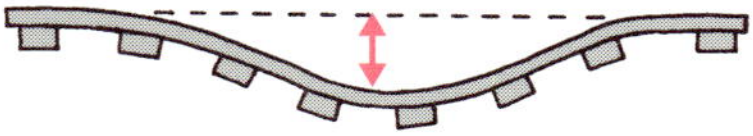

レール頭頂部の長さ方向の凹凸

通り狂い

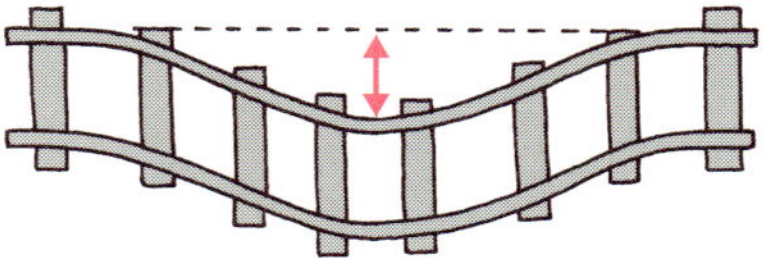

レール側面の長さ方向の凹凸

水準狂い

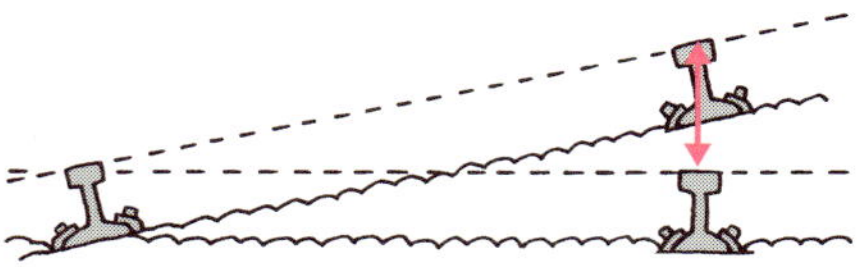

左右レール間隔当たりの左右レールの高さの差。曲線部でカントのある場合は、正規カント量に対する増減量

軌間狂い

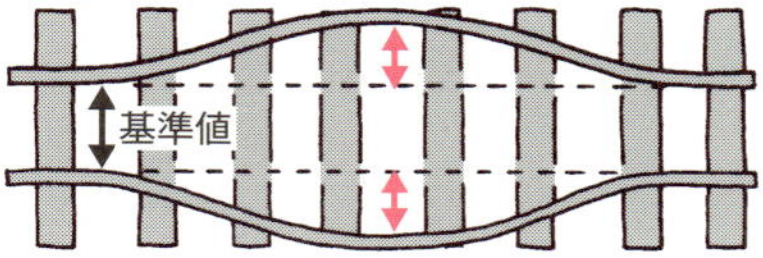

軌間の基本寸法に対する狂い量（曲線部では、基本寸法にスラックを加えた量に対する狂い量）

37 鉄道の基本、「車両」と「建築」の両限界

いかなる場合でも、越えてはいけない絶対的決まり

鉄道車両が軌道上を安全に走行するためには、車両の通路として、一定の空間が必要です。そのためには、まず車両側で高さ、幅の限界を決めて、断面積を制限しなければなりません。これを「車両限界」といいます。

一方、軌道上には橋梁、トンネル、駅のホームなど多数の構造物があります。これらは決められた範囲から、車両が通過する空間にはみ出さないように限界が定められています。これを「建築限界」と呼びます。

車両限界と建築限界との間には、走行中の車両などの揺れ、その他を考慮して一定の空間が設けられています。

車両限界の基本は、平坦な直線に車両が停止している時の寸法で定めています。しかし満員の乗客が乗っている時、空気バネが何らかの理由で抜けてしまった時、車輪が摩耗した時など、例えどんな条件が組み合わさっても、車両のいかなる部分もこの限界を越えてはいけません。

実は、車両限界も建築限界も全国共通ではありません。2002（平成14）年、国土交通省が「鉄道に関する技術上の基準を定める省令」で、各鉄道事業者が自社の路線ごとに限界を定めて、届け出ることになりました。

東京の地下鉄を例にとると、1927（昭和2）年の銀座線、1954（昭和29）年の丸ノ内線は、トンネル断面を小さくし、建設費を軽減するため、架線の代わりに、線路脇の第三軌条から集電する方式をとったため、屋根上の限界は低くなっています。

しかし、その後建設された日比谷線以下の各線は、JRならびに私鉄各線との相互乗り入れをするために架線集電になり、他の事業者の車両が走れる限界になっています。また、乗り入れの際、限界が異なる場合は、最小寸法を適用しています。

要点BOX
- ●それぞれの路線によって異なる「限界」
- ●相互乗り入れの普及で、各社平準化

レーザー式建築限界測定車

レーザーによって障害物までの距離を測ります。　（JR東日本提供）

車両限界と建築限界

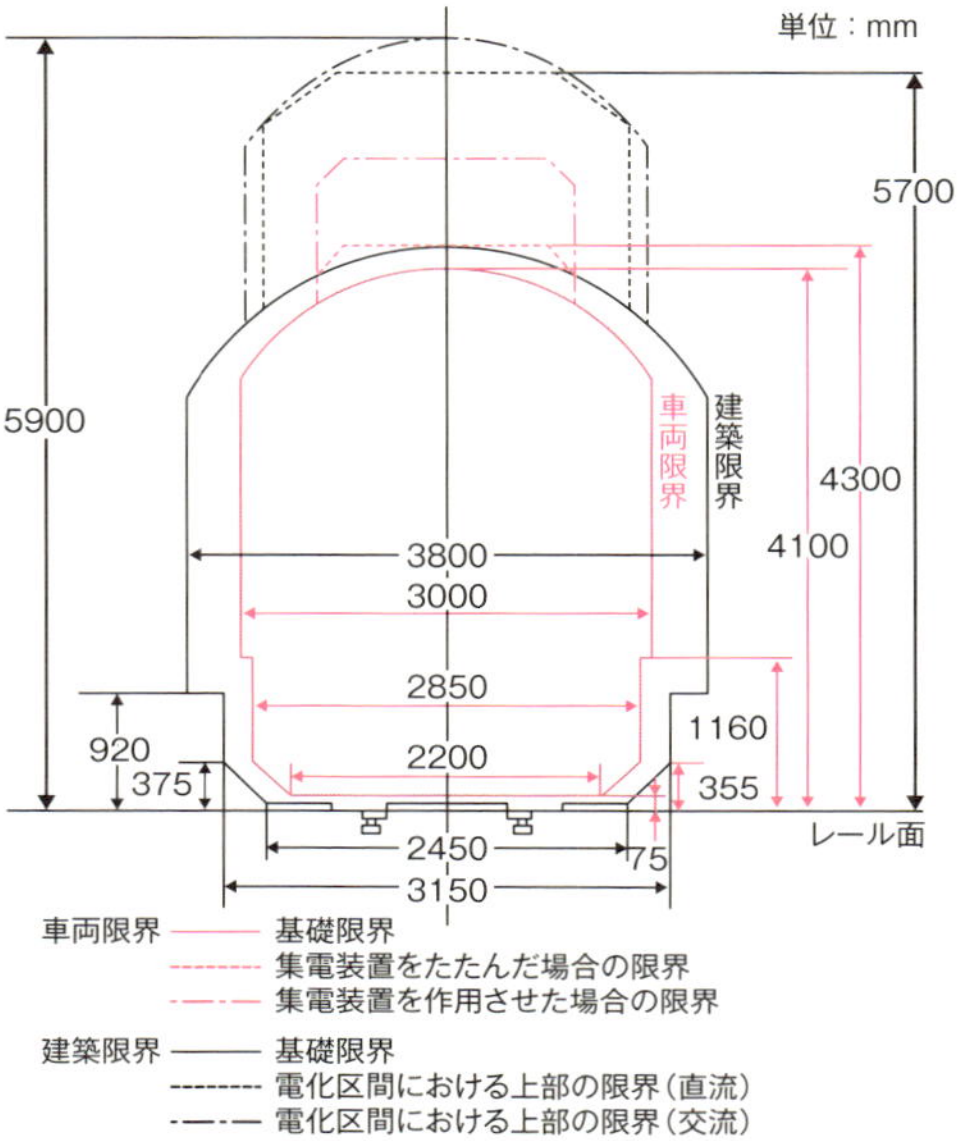

オヤ31形式建築限界測定車

（リニア・鉄道館提供）

車両側面から伸びた棒状の検知器が、建築限界からはみ出した建造物などに触ると車内に信号が送られます。

38 運転、保守に欠かせない線路脇の標識

起点からの距離、勾配、曲線の半径、そして停車位置を表示

線路際にはさまざまな標識が立っています。それぞれは列車の運転や、線路の保守・整備に欠かせないものばかりです。その中で、一般の人も目にすることが多いものを並べてみましょう。

①距離標

起点からの線路延長を示し、「甲号」「乙号」「丙号」の3種類あります。甲号は起点から1㎞ごとに設置され「キロポスト」とも呼ばれます。乙号は甲号の中間、0・5㎞のところに設置され、側面に「1／2」と大きく書かれています。丙号は0・1㎞単位で設けられています。

②勾配標

文字通り、線路の勾配を示しています。鉄道の勾配は千分率(‰)で表され、水平に1000m進んだ先が25m高け(低け)れば25‰となります。勾配標に書かれている数字は、その地点からはじまる登り(下り)勾配の‰数が書かれています。また、標識の位置から先が勾配「0」になる時は、水平を意味する「Level」の頭文字「L」を表記します。

③曲線標

運転士から見える表には曲線の曲率半径、裏にはカント量、スラック量などが書かれています。

③列車停止位置目標

主に鉄道駅のホーム周辺に設置してあり、運転士が列車を停止させる位置を示しています。書かれている数字は、列車の編成長を表し、「10」ならば10両編成の停止位置を示しています。

設置場所によって「横置き式」と「下置き式」の2つに分かれます。

横置き式は線路脇に柱を建てるのが一般的です。さらにホームの天井から吊り下げるものも含まれます。

下置き式は線路の間、枕木の上などに、通常は正方形か長方形の板などが置いてあります。

要点BOX

- ●距離はキロ、曲線はメートル、勾配は‰
- ●厳密な停止位置目標があるのは日本だけ
- ●横か脇か、会社によって異なる設置場所

線路標識

列車停止位置目標

横置き式

下置き式

距離標

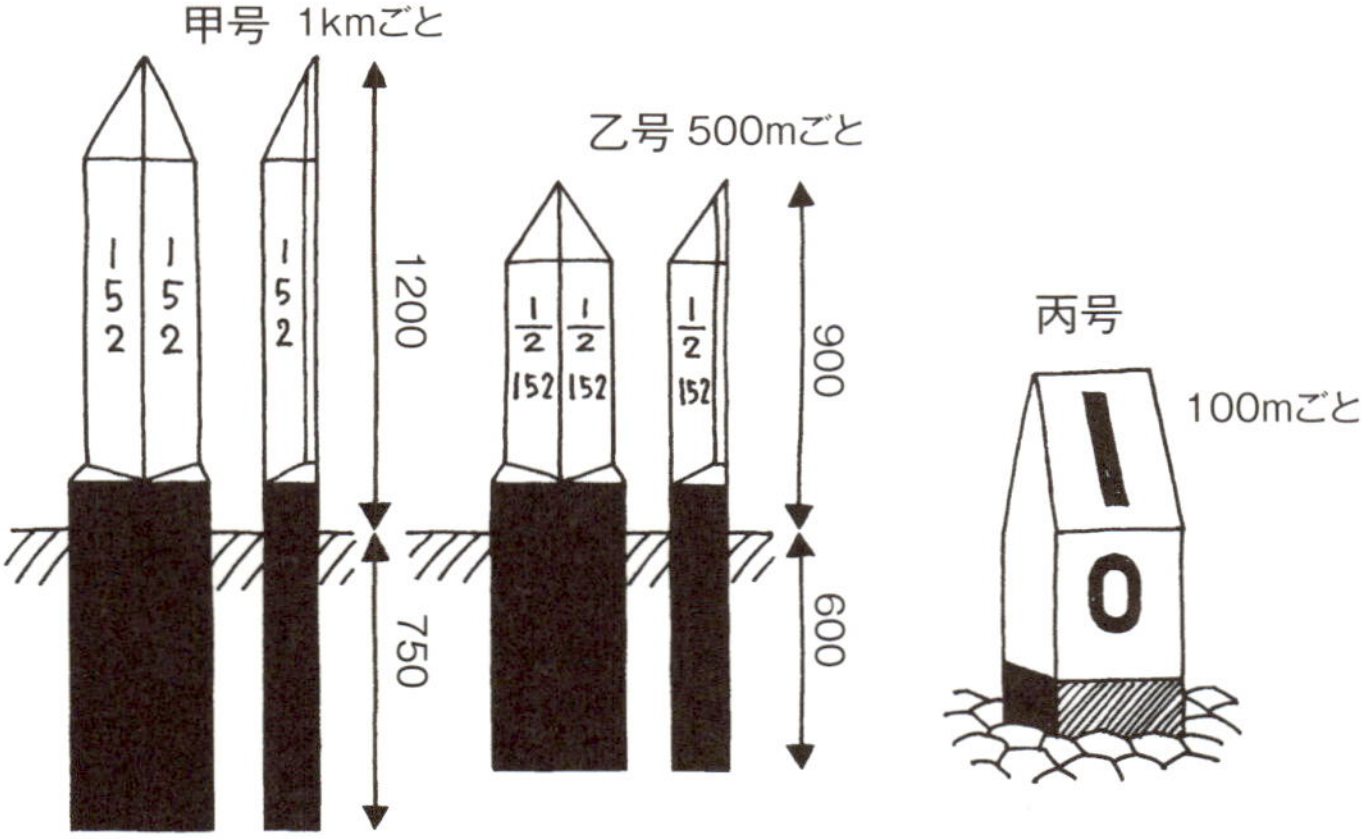

勾配標

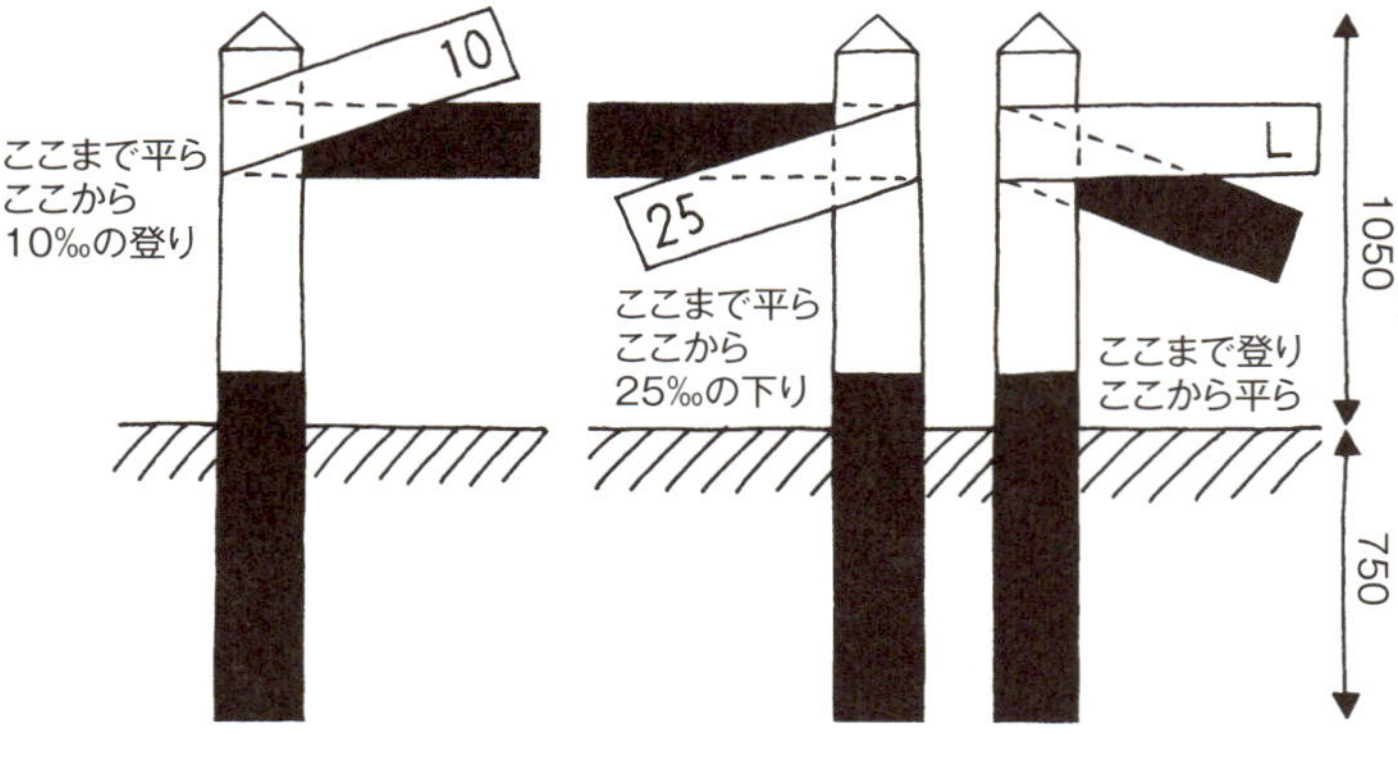

曲線標

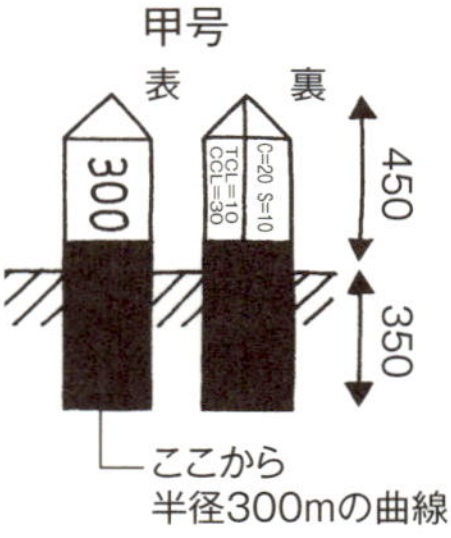

C：カント量
S：スラック量
TCL：緩和曲線長
CCL：円曲線長

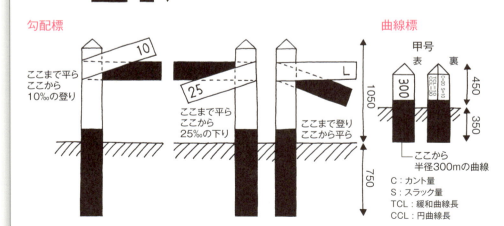

Column

丸ノ内線がちょくちょく地上に顔を出すのは…

東京メトロ丸ノ内線、銀座線の赤坂見附駅から乗り換え通路を歩いているうちに、いつの間にか同半蔵門線などの永田町駅へと駅名が変わっています。慣れている人はともかく、外国人はもとより、東京を訪れた人も極めて分かりづらいのでは。これは、東京の地下鉄が１９２７（昭和２）年に開業した浅草～上野間以降、ほとんど全体像を描かず、その時代々の求めに応じる形で路線を決めていったからに他なりません。それは赤坂見附駅の構造にも表れています。

１９３８（昭和13）年、銀座線の駅として開業した時から、現在の構造でした。しかし丸ノ内線のための駅ではありませんでした。

現在の銀座線は浅草～新橋間を東京地下鉄道、新橋～渋谷間を東京高速鉄道がそれぞれ建設。新橋で結合されたものです。

東京高速鉄道は新橋～渋谷間のほかに赤坂見附～新宿間の路線も計画し、渋谷と新宿という、東京の２つの中心をＹ字形の路線で結ぶ計画でした。赤坂見附はその乗り換え駅として計画されました。しかし新宿線は着工されず、会社も１９４１（昭和16）年、東京地下鉄道とともに、現在の東京地下鉄（東京メトロ）の前身、帝都高速度交通営団に生まれ変わり、戦後になって、丸ノ内線を建設します。

１９５４（昭和29）年に池袋～御茶ノ水間が開通した丸ノ内線は、計画そのものは、１９２５（大正14）年に当時の内務省が告示した「東京都市計画高速交通機関路線網」の５つの路線のうちの１つでした。

１９４２（昭和17）年には赤坂見附～四谷見附間の工事がはじまり、その時、銀座線との同一ホームでの乗り換えは完成していました。しかし戦局の悪化で工事は中止されてしまいます。

戦後すぐ池袋～神田間で工事が再開されますが、ＧＨＱ（連合国軍最高司令官総司令部）から「敗戦国が地下鉄なんてとんでもない」と横槍が入ります。そこで地上走行部分を多くし、「あれは地下鉄ではありません。時に地下を走るだけです」とかわし、着工にこぎつけました。

その後、神田駅付近を通過するのは技術的、予算的に無理があることが分かり、大手町を経由する路線に変更されました。

長いトンネルを抜けた瞬間、差し込む陽の光に、先人達の苦労と戸惑いが垣間見えるようです。

第5章

乗り心地

39 高速での曲線通過に振子式車両

古くからの「自然式」と、JR発足後の「制御付」

自転車で曲線を曲がる時、無意識に体を内側に倒します。これは遠心力を緩和するためですが、鉄道も同じです。カントなどで車体を内側に傾斜させ、遠心力を少なくしています。しかし高速化でさらなる安定が求められます。そのために「振子式」と、「強制傾斜式」の2通りが開発されました。

まず振子式は、1973（昭和48）年に実用化された「自然振子式」と、JR発足後に開発された「制御付振子式」の2つがあります。

振子式の原理は車体下部に「振子はり」と呼ばれる円弧状のはりをコロかベアリングで支え、曲線時にコロの上をはりに乗った車体が傾斜します。車体を傾ける方法は、遠心力の力だけに頼る自然振子式と、空気シリンダーなどで曲線の手前から傾ける制御付振子式に分かれます。

自然振子式は曲線の進入時に傾く動作の遅れが解消できず、乗り心地に影響を与えるのに対し、制御付振子式は、車両にあらかじめ曲線の位置、半径、長さなどのデータを記憶させ、傾斜させるタイミングや角度を決めているため、より快適な乗り心地が得られます。

強制傾斜式は車体下部などに設置された油圧シリンダーで傾ける方式と、空気バネの高さを変える方式の2通りがあります。前者がヨーロッパ、特にイタリアを中心に開発され、制御方法は先頭車両に付けた、ジャイロや加速度センサーで曲線の位置を検出し、この情報を後続の車両に伝えています。

日本では後者が主流で、新幹線も速度向上に伴い最近の車両には導入されています。制御方法は初期にはヨーロッパと同じジャイロが使われていました。その後、コンピューターの能力向上とメモリー容量の増加で、地上に置いた地点検知用地上子と車両側に搭載した車上子との間で曲線データの授受を行い、制御する方式が代表的です。

要点BOX
- ●進入時に傾きが遅れる「自然式」
- ●あらかじめデータ記憶で快適な「制御付」
- ●新幹線の導入の「強制傾斜式」

日本初の振子式車両

自然振子式を採用した381系特急電車。 (PIXTA提供)

振子式車両の車体傾斜原理

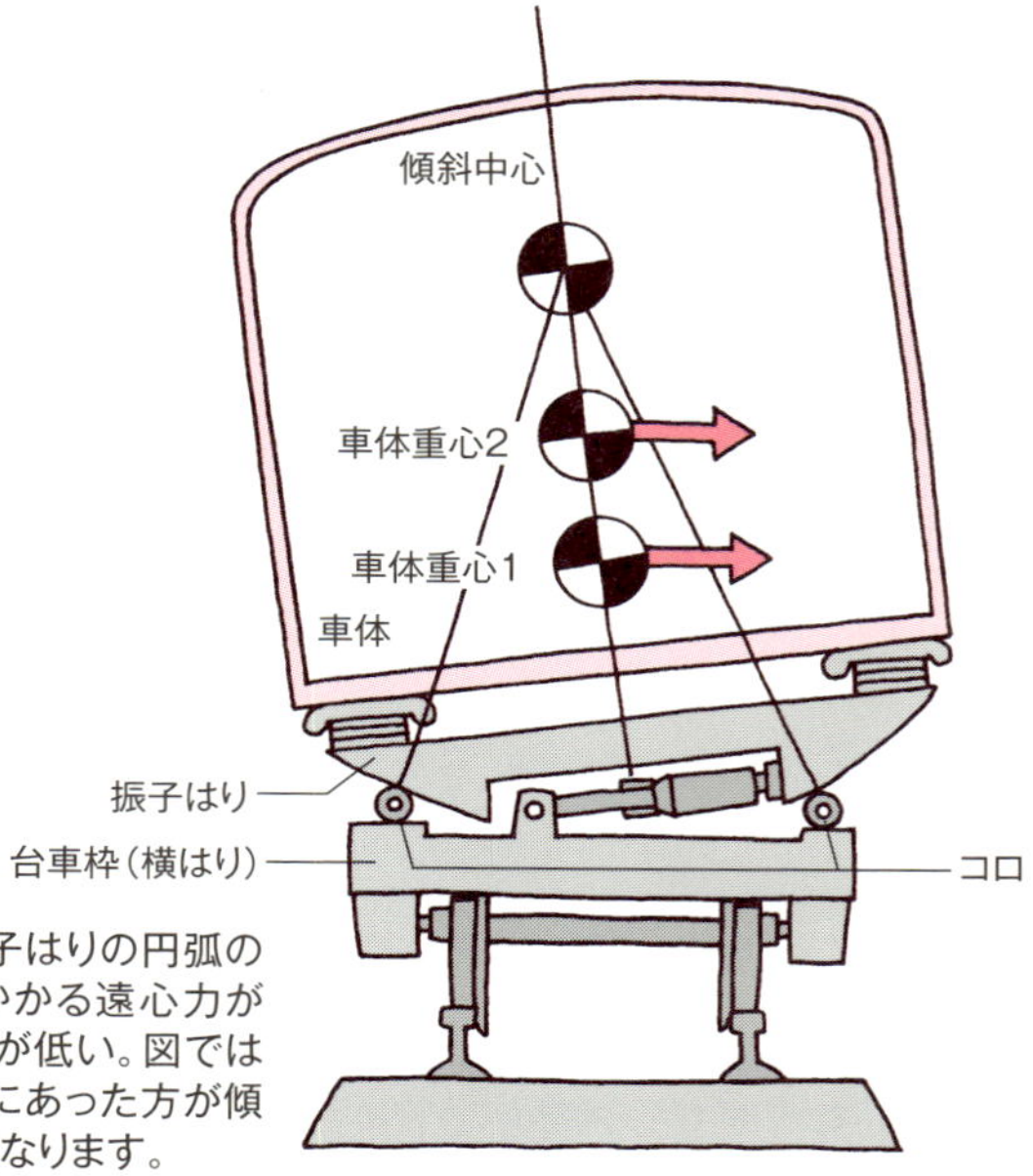

傾斜中心は振子はりの円弧の中心。車体にかかる遠心力が同じなら、重心が低い。図では「車体重心1」にあった方が傾斜角度は大きくなります。

40 車両冷房に、「集中式」と「分散式」

設置場所は屋根上が主流も、新幹線は重心の関係で床下に

鉄道車両の冷房は、大きく「集中式」と「分散式」に分かれます。

集中式は冷房装置本体を屋根上もしくは床下、室内に設置し、車内のダクトを介して冷風を車内に噴出します。機器が1カ所に集中するため、分散式に比べ部品点数も少なく、保守・管理も容易となります。その半面、車内全体にダクトを設置する必要があります。また機器が故障すると、その車両で冷房が使えなくなる、などの問題もあります。

設置場所は、在来線は屋根上が多く見られます。これに対し新幹線は、車両全体の重心が下げられるなどの利点から、床下が主流です。冷風は窓枠の上、荷物棚の下のすき間から吹き出し、通路側の座席下の小さな四角い穴から空調機へ戻ります。このため床下には4本のダクトが走り、2本は空調機からの冷風が通り、残りは戻り用です。

一方の分散式は屋根上に4個から8個の空調機を搭載し、車内にはダクトがなく、空調機ごとに冷風の吹き出し口があります。ダクトが不要な上、騒音源が分散するという利点がある半面、屋根上に多数の機器を載せるため工費がかさみ、パンタグラフを載せる車両は、下枠交差形を使うなどの制約があります。このため、パンタグラフ搭載車に限って集中式を採用している電車もあります。寝台電車は、車両限界の関係から小型の空調機を寝台区画ごとに設置してあります。

日本での鉄道車両の冷房は、戦前の極一部の食堂車が最初です。戦後も空調機本体の小型化がなかなか進まず、普及に時間がかかりました。1957（昭和32）年に、狭軌の世界最高記録を樹立した小田急のロマンスカー・3000形SE車も、誕生当時は非冷房でした。5年後に冷房化する時も現在主流の屋根置き形はまだなく床置き形を採用。1車両あたり4席を撤去しなければなりませんでした。

要点BOX
- ●集中式は保守が容易も、故障で突然非冷房に
- ●分散式はダクト不要も、コスト高が課題に
- ●日本初は戦前の食堂車、普及には時間も

集中式冷房装置

近郊型電車などで多く採用されています。屋根中央のかまぼこ型の突起物が冷房装置。

分散式冷房装置

今は数少なくなった分散式冷房装置。
（京浜急行電鉄800形＝2019（令和元）年6月で引退）

41 「空気式」と「電気式」がある扉開閉装置

新幹線のトンネル進入時、求められる気密

乗降客用の扉。今ではほぼすべてが自動で開閉します。その駆動方式は「空気式」と「電気式」があります。鉄道はブレーキなどで圧縮空気を使用するため、空気との馴染みは深く、扉も空気式が最初に採用されました。扉の上部にエアシリンダーを設置し、そこへの空気の出し入れで開閉します。構造が比較的簡単な上に、信頼性が高く実績を重んじる事業者から、根強い支持を得ています。

これに対し20年ほど前から電気式が登場。扉の上部の中央にモーターを設置し、その回転力で開閉します。空気式に比べ、扉を閉める力を自在に制御することが可能で、途中で止められるなど、いろいろな制御方法ができるため徐々に普及し、関東の在来線はほぼ電気式に代わりつつあります。

一方、新幹線は開通から50年余、一貫して空気式が採用されています。仕組みは在来線と同じですが、大きく異なるのが気密装置です。高速で走るゆえに、トンネル突入時に車両の内外に気圧差が生じるため、扉を密閉させなければなりません。扉の四隅に直角方向に取り付けられた空気シリンダーが閉まった扉を押し付けることで外部と遮断されます。

駆動方法、さらには在来線、新幹線で方式は異なりますが、いずれも、電車の速度がある一定以上になったら開かない機能を持っています。

車両にはその他に、車両間や先頭車の貫通扉、デッキと客車間の仕切り扉などもあります。

現在は特急用車両などを中心に、ほとんど自動化されています。開閉は扉の頭上に付けられた赤外線センサーで行います。しかし、すぐそばに座る人が動いた時は開かず、逆に背の低い子どもが立ったらすぐ開くなど、微妙な調整が必要です。このため赤外線の出力を調整し、指向性の強いセンサーを複数使用するなどの繊細さが求められています。

要点BOX

- ●初期の自動化は空気式
- ●制御の多様性から、関東は電気式が主流
- ●貫通扉のセンサー、開け閉めに微妙な調整

空気式扉開閉装置

（ナブテスコ神戸工場にて）

最上部の、横に長い棒状のものが、エアシリンダー。これへの空気の出し入れで開閉します。

電気式扉開閉装置

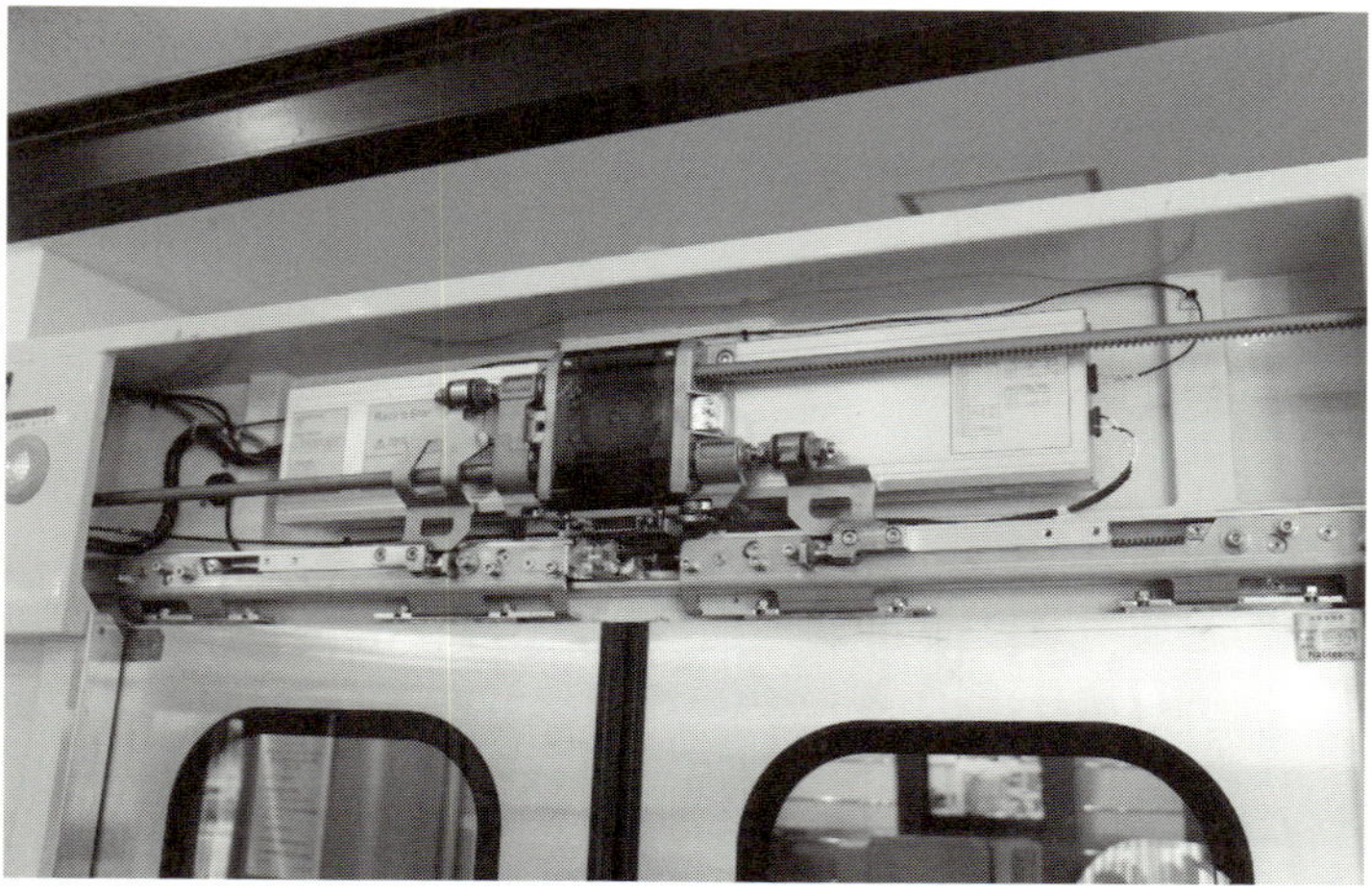

（ナブテスコ神戸工場にて）

上部中央の黒い四角い箱がモーター。開閉途中で止めるなど、自在の制御が可能です。

42 トイレ、処理技術の進歩で快適空間に

垂れ流しから、今は「真空」と「清水空圧」が並立

中長距離列車に欠かせないものの1つにトイレがあります。その昔は「臭い、汚い、苦しい」の3Kと呼ばれ嫌われたところも、技術の進歩で悪い印象も払拭されつつあります。そのトイレ、処理の技術は大きく2つに分かれています。

1872（明治5）年の新橋〜横浜間の開業後、しばらくの間、車内にトイレは設置されていませんでした。乗客は止むに止まれず窓から……で、高額の罰金を取られたという逸話も残っています。

4年後に製作された1号御料車に初めて設置されました。その名も「御厠《おかわ》」。一般乗客用は、『日本国有鉄道百年史』（日本国有鉄道）によりますと、1889（明治22）年の東海道本線の全線開通時です。しかしそれ以前の北海道の幌内鉄道、関西と九州を結んだ山陽鉄道などにも既に設置されていた、という記録も残っています。

処理方式も大きく変遷。当初の垂れ流しにはじまり、汚物を床下の便槽に溜める「貯留式」などを経て、「循環式」へと変化していきました。

同式は、床下に便槽を設置するのは貯留式と同じですが、溜めるのは汚物だけ、水は濾過し薬品で消毒し循環させていました。しかし循環を繰り返すと水はにごり、臭いが付くなどの欠点もありました。

そこで考えだされたのが「清水空圧式」です。汚物を重力と水圧だけで便槽に落としますが、水の量を減らし循環はさせません。

これに対抗するのが「真空式」です。元々はドイツのメーカーが開発。便器と便槽を結ぶパイプの途中に2つの弁を設け、弁と弁の間を真空にします。使用者がボタンを押すと、手前の弁が開き、汚物は一気に吸い込まれます。次に手前の弁を閉め、真空だった部分に逆に空気を送り込み、汚物を便槽に落とします。

現在、JR東日本の新幹線は清水空圧式が主流ですが、JR東海は真空式が中心です。

要点BOX

- ●初めての設置は、1号御料車
- ●一般は北海道と山陽が国鉄に先駆ける
- ●同じ新幹線でも、大きく分かれる処理方法

清水空圧式

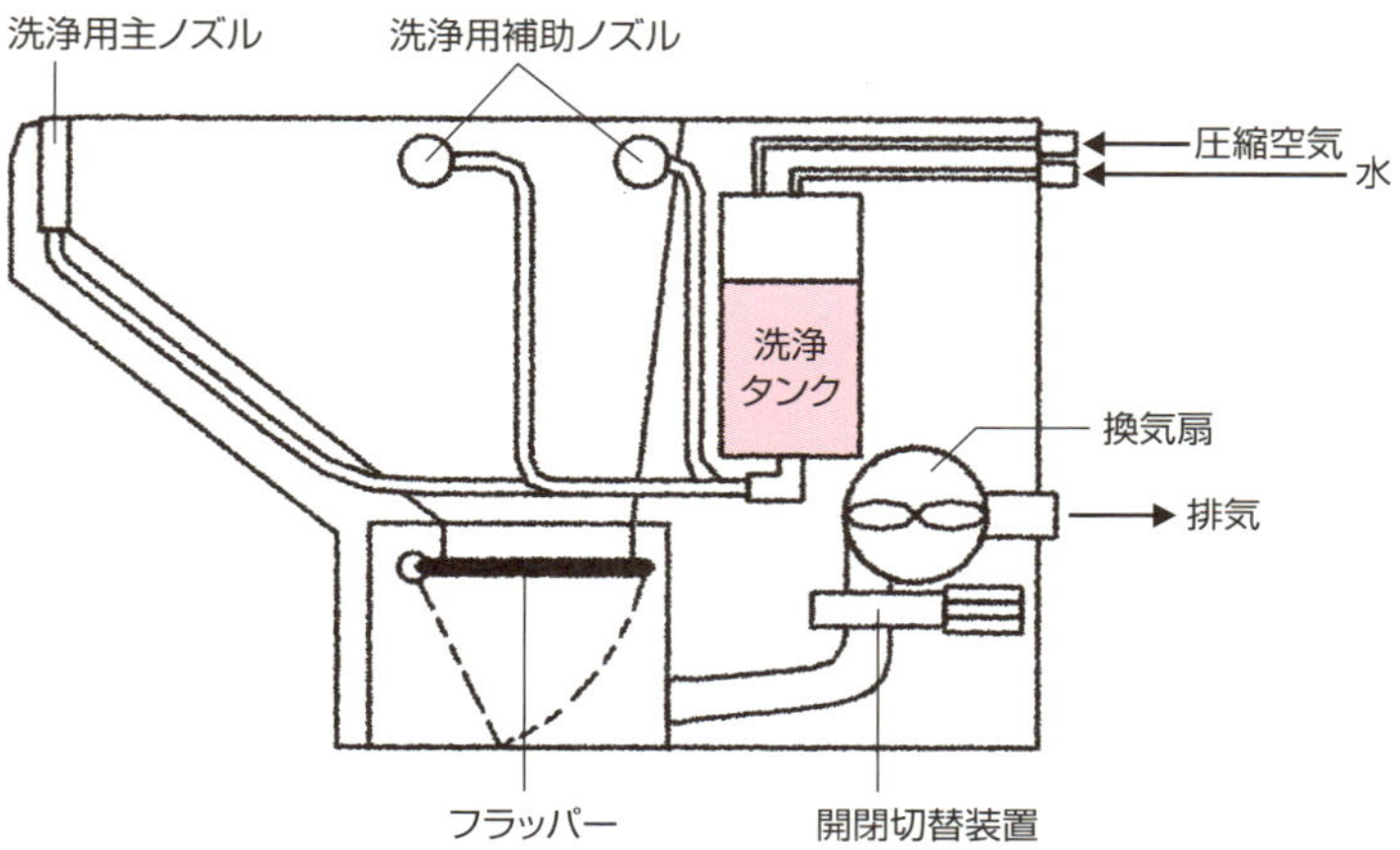

（テシカの資料を基に作成）

真空式

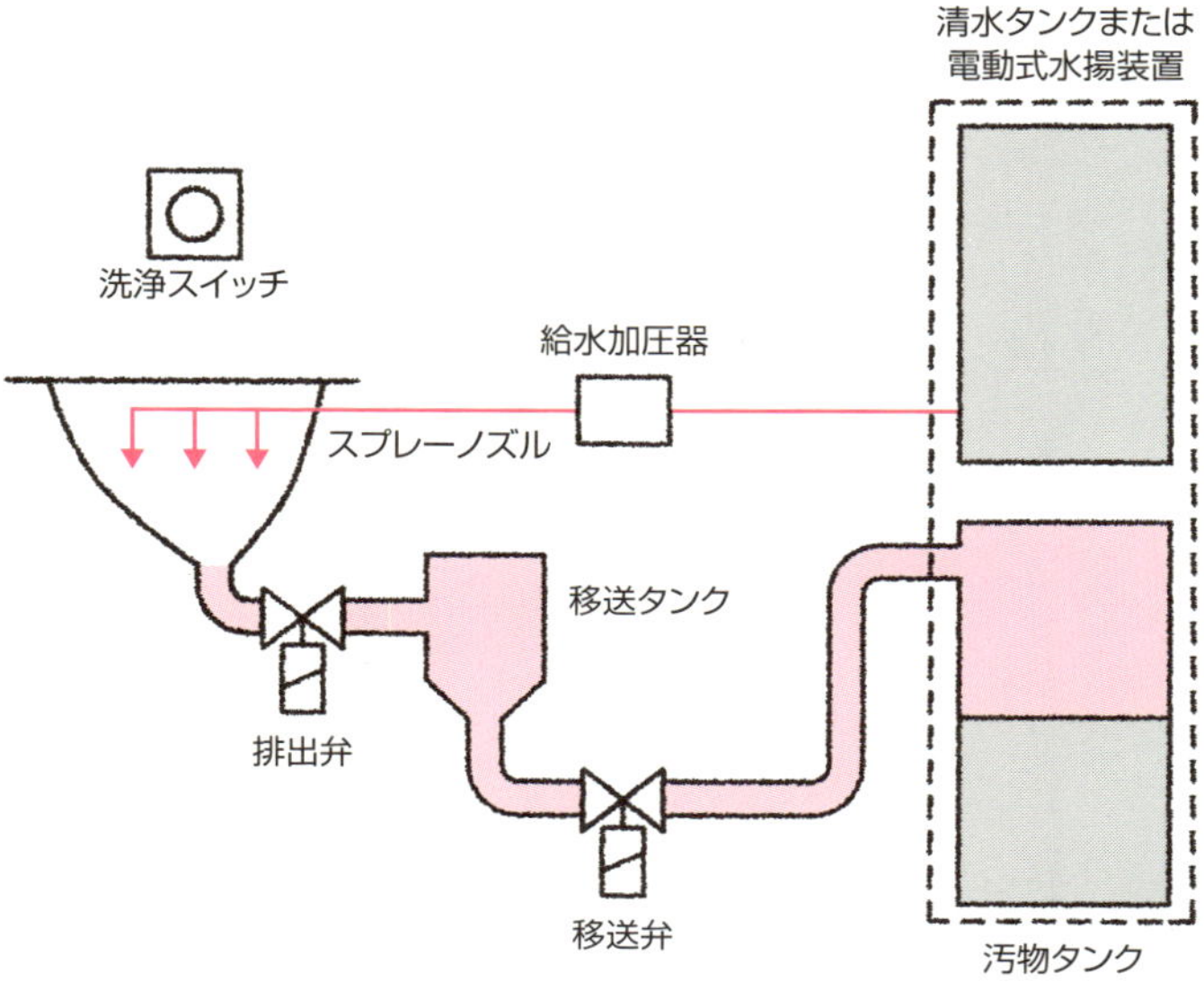

（五光製作所の資料を基に作成）

43 手触り良く、汚れにくい座席のモケット

明治の昔から使われ、替わるものなし

電車は数多くの部品で構成されています。その中で、一般の人に最も馴染み深いのが座席ではないでしょうか。その独特の手触り感が心地良い張地は、「モケット」と呼ばれるものが一般的です。日本では鉄道開業時から使われています。

1872（明治5）年、新橋〜横浜間で開業した日本の鉄道。当時の客車は上、中、下の3等級に区別されていました。その差は座席にも。上、中等車のそれには、輸入モケットが使用されていました。鉄道の主要部品の国産化が進む中、モケットも明治中ごろには国産化されました。

国産初のモケットは「輪奈モケット」と呼ばれ、手織りの高級品でした。大阪市電、京都市電などが、図柄に市章を織り込んだものを採用。南海鉄道（現・南海電気鉄道）も、同社の社紋を散らした輪奈モケットを導入。これがきっかけとなり、全国の交通機関や車両製造会社が競って使うようになりました。

鉄道の座席は木や鉄でできた骨格の上に、「クッション」と呼ばれる、弾力に富んだものが置かれ、その上にモケットが張られています。その生地は芝生に例えるとわかり易いかもしれません。

通常の布地と同じように、経糸《たて》と緯糸《よこ》の組み合わせで折られた布を地面とすれば、そこから芝が生えるように、「パイル」と呼ばれる糸が起立しています。このため肌触りが滑らかで、地になる布に直接触れることが少ないので耐久性が高く、座席など使用条件が過酷なところでも長持ちします。さらに汚れなどが地の布に染み込んでも、パイル糸があるため見えにくいなどの特長を持っています。

表面の模様は、パイル糸に複数の色を使うことで表現されています。その素材に最近は、ペットボトルを再生したポリエステルの糸を使うなど、環境への配慮も忘れられておりません。

要点BOX

- ●明治時代に国産化も。手織りの高級品
- ●布地の上にパイルが起立
- ●素材はペットボトルなど環境にも配慮

モケット織機

（萱野織物にて）

モケットイメージ模型

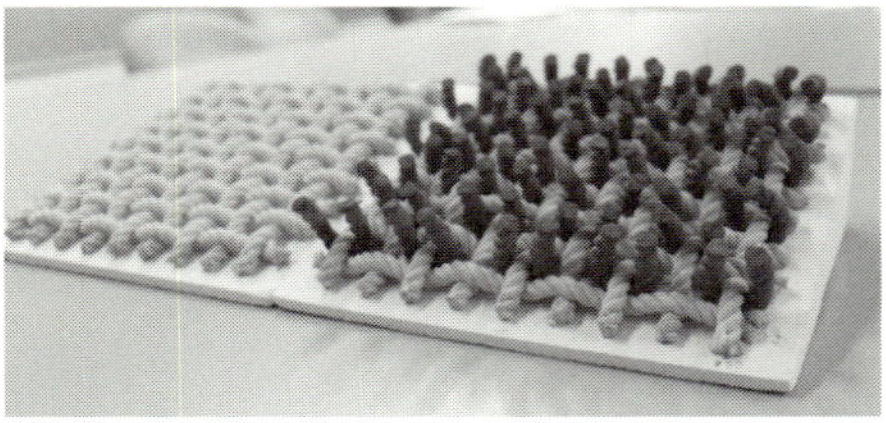

（住江織物提供）

モケットの仕組み

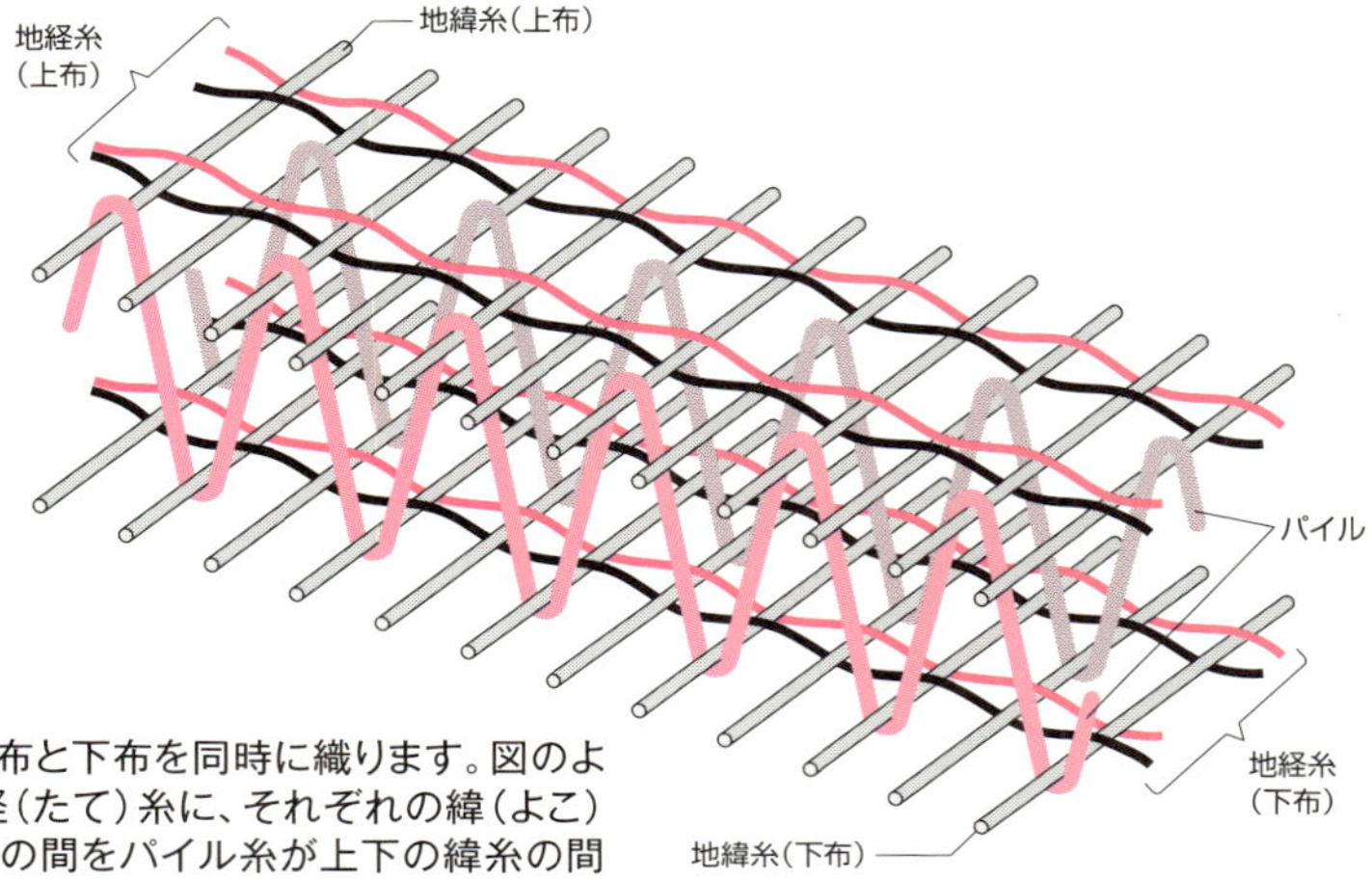

モケットは上布と下布を同時に織ります。図のように上下の経（たて）糸に、それぞれの緯（よこ）糸が絡み、その間をパイル糸が上下の緯糸の間を行き来します。織り上げた直後に2枚の布の間に刃物を入れると、パイル糸が切断され「芝」が生えたような生地が同時に2枚できます。

（住江織物の資料を基に作成）

44 リクライニングシート定着の陰にGHQ

特急「つばめ」の特別2等車が日本初

座席の背もたれを倒すリクライニング。普通車とグリーン車で傾きの違いなどがありますが、日本ではJR、私鉄を問わず、特急用車両ならば、当たり前のサービスです。

日本の優等車両のリクライニングが当たり前になったのは戦後のことです。その影にはGHQ（連合国軍最高司令官総司令部）が大きく関わっています。

戦後まもなくの1947（昭和22）年、GHQは国鉄に対し「車両が汚くて困る。きれいにして、アメリカで使っているのと同じリクライニングシートを付けろ」と命令しました。ちなみにアメリカの大陸横断鉄道の座席車の、リクライニングは現在も日本のグリーン車なみ、車両によってはそれ以上に傾きます。

お達しを受けた国鉄は技術陣が苦労の末に開発し、1950（昭和25）年、特急「つばめ」の特別2等車に設置したのが、日本初のリクライニングシートです。その後は徐々に普及し、今では普通車でも当たり前のサービスになっています。

しかしヨーロッパの車両は違います。ドイツ、フランスなど鉄道先進国のTGV、ICEなど、その国を代表するような車両の1等車でも、レバーを引くと、ガタンと背もたれは傾きますが一段だけ。日本のように傾きを微妙に調整することはできません。これはヨーロッパがかつて、コンパートメント方式が主流だったことに加え、オープン車両でも座席の向きが固定されているボックスシートが多いことも一因です。

それは頭端式ホームが多いことも関係しています。同式では列車の進行方向が変わります。そのたびに座席の向きを変えるのが煩雑なことも、ボックスシートが定着した1つの要因です。そもそもヨーロッパの座席は日本のように、進行方向へ向け180度回転することはできません。その分、46項のように座席配置にゆとりをもたせています。どちらが快適なのか、それは乗客が決めることなのでしょう。

要点BOX
- ●ヨーロッパでは見かけないサービス
- ●コンパートメントと頭端式がその要因

222形新幹線電車（200系）のリクライニングシート

背もたれの角度を段階的に調整できるのも、日本ならではです。
（鉄道博物館にて）

E5系グランクラスのリクライニングシート

（JR東日本提供）

航空機のファーストクラスのシートを手がけたメーカーが人間工学に基づいて開発。

45 ボギーか連接か、日欧で分かれる対応

走行性能、乗り心地に微妙な差も

山手線をはじめ日本で使われている大半の車両は両端に台車が付く「ボギー車」です。これに対し、車両と車両の間、ボギー車なら連結器がある部分に台車がある方式を「連接車」といいます。日本工業規格（JIS）は「2個の車体の一端を1個の台車で支持し連結している車両」と定義しています。

連接車は台車の数が少ないのも特長の1つです。左ページ下図の様に2両編成の場合、ボギー車なら台車は4つ必要ですが、連接車なら3つ、3両なら6つに対し4つ、4両なら8つに対し5つとなります。

では、どこが違うのでしょうか。まず曲線の走行性能に差があります。連接車はその構造上の制約から1両の車長は、ボギー車より短くなり、その分、曲線は曲がり易くなります。乗り心地も微妙に変化します。ボギー車は車端から少し中に入ったところに台車が付いています。このため車両の中部分は両側の台車に支えられていますが、両端は、建築工学でいう「片持ち」（オーバーハング）状態で、曲線通過時に外に振られるように感じるなど、乗り心地に微妙な影響を与えます。これに対し、連接車は連結器部分に台車があり安定しています。

しかしながら、日本では一部の路面電車を除くと、小田急電鉄のロマンスカーと、江ノ島電鉄のそれぞれ数編成で採用されているだけです。ヨーロッパも、フランスのTGVは全編成連接車ですが、ドイツのICEなどTGV以外の特急車両はボギー車が主流です。しかしフランス、ドイツ、オーストリア、スイスなど各国の3～5両編成の近郊車両は連接車が採用され、主力になりつつあります。

日本で連接車が普及しない最大の原因は保守にあります。1両々切り離すことが難しいため、保守に特別な装置が必要です。また、ボギー車と車長の違いから扉の位置が異なるため、ホームドアに対応できないことも、普及の妨げになっているようです。

要点BOX

- ●日本では小田急、江ノ電など連接車は少数派
- ●欧州はTGVほか、近郊電車でも連接車を採用
- ●保守の難しさと、ホームドアが課題に

小田急ロマンスカー・50000形VSEの連接台車

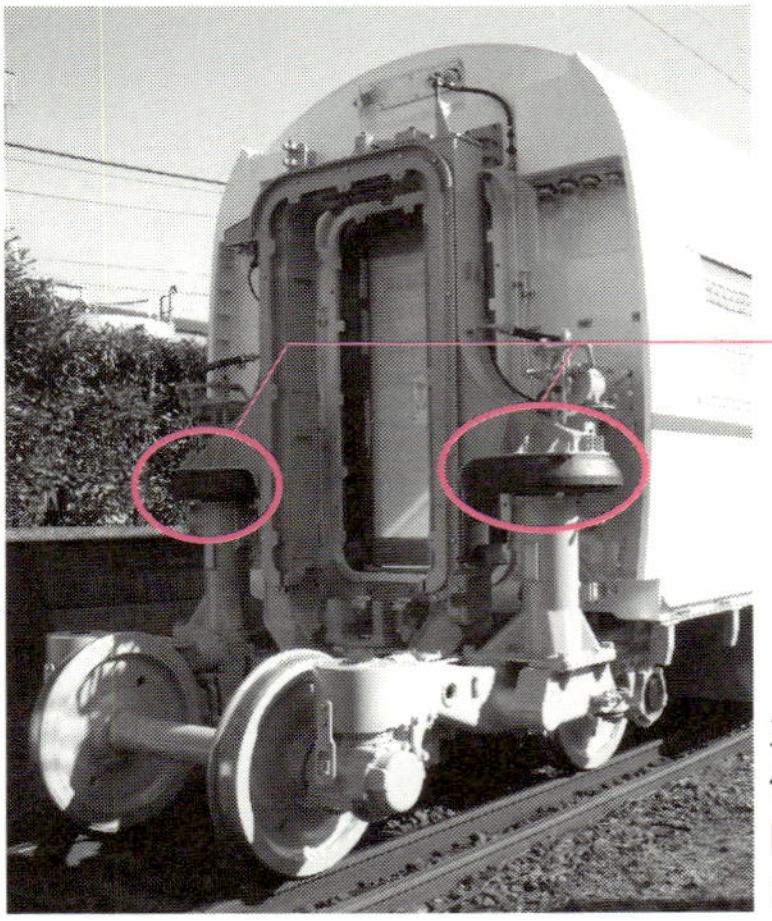

車体を支える空気バネの位置を高くし、乗り心地を向上しています。
（小田急電鉄提供）

連接構造

（オーストリア国鉄、インスブルック駅にて）

ボギー車と連接車の違い

ボギー車

連接車

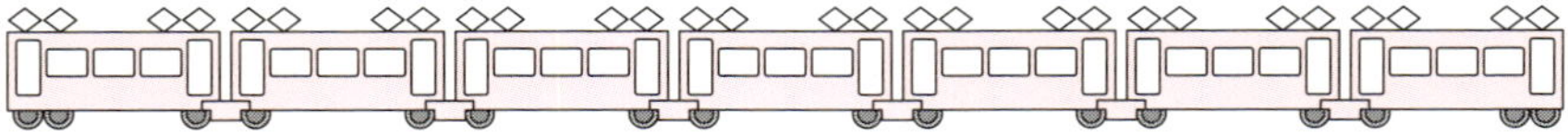

46 客室内、座席配置に日欧の差

欧州では今も健在。コンパートメント車

客車は車内の一部の個室の有無や座席の配置から、「コンパートメント車」と「オープン車」に分かれます。

コンパートメント車は、壁で区切った4～8席の個室が並んでいます。このうち鉄道の初期に多く見られたタイプは各客室の脇に扉があり、走行中は隣の客室とは行き来ができませんでした。現在、ヨーロッパを中心に長距離列車などで使われているコンパートメント車は、車両の一方の側に廊下を持ち、その通路を使えば、他の部屋とも行き来できる「側廊下式」と呼ばれるものです。

これに対し、オープン車は車内に仕切りがなく、まさにオープンに座席を配置。日本では新幹線をはじめ在来線も通勤車両から特急車両まで、ほとんどがこのタイプです。ヨーロッパでもドイツのICEなど、車内の一部にコンパートメントタイプが残る以外、TGVなどの高速列車はほぼ100%オープンです。

座席配置は日本の通勤車両などは進行方向に長いロングシートが主流ですが、ヨーロッパでは通勤用近郊電車でも、クロスシートがよく見られます。

特急列車などでは日本も海外も、日本や中国の新幹線の1列2＋3の5人掛けを除けば、2＋2の4人掛けが主流で、ヨーロッパの1等車は1＋2の1列3人です。

日本と海外で大きく異なるのが座席の回転です。日本は原則、すべての席が進行方向を向くように回転できますが、ヨーロッパでは固定がほとんどで、列車の進行方向によっては後ろ向きに座ることもザラです。

さらに座席番号の付け方も大きく異なります。日本は最前列の進行方向左側の座席を「1A」と順番に数字とアルファベットを組み合わせますが、ヨーロッパは数字だけ。しかも図のように2ケタの数字のみで表します。これはコンパートメント全盛のころの座席番号の付け方が今も健在だからです。

要点BOX

- ●特急は世界的にオープン車両が主流
- ●通勤車両はロングかボックスか
- ●座席番号に残る、コンパートメントの名残

コンパートメント

最も新しいタイプのコンパートメント車。仕切りがガラスになり、室内に開放感も。
（オーストリア国鉄にて）

コンパートメント車

側廊下式

オープン車

ヨーロッパ

日本

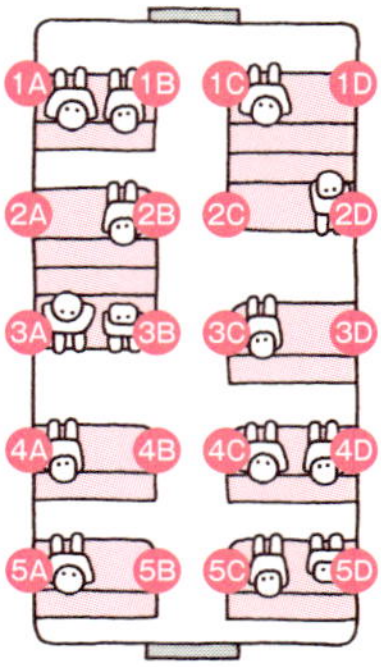

クロスシート

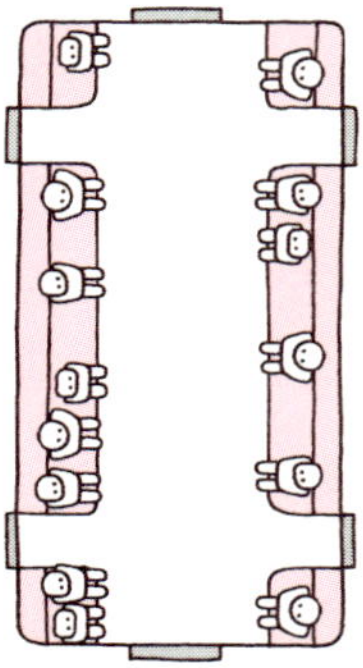

ロングシート

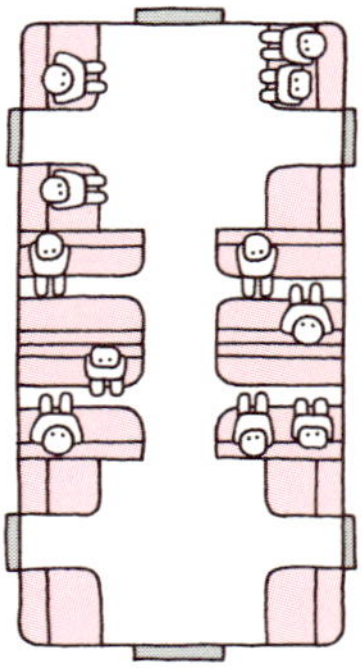

セミクロス

47 車両限界が立ち塞がる日本の2階建て車両

本格的な日本初は近鉄ビスタカー

2階建て車両。英語ではダブルデッカー（Double Decker）と呼ばれます。1両当たりの床面積を増やして乗車定員、特に座席定員を確保することと、2階席の眺望や快適性を求めて導入されています。

世界初は1850年代にフランスのパリ近郊に登場しており、20世紀に入るとイギリス、アメリカなどでも路面電車、通勤車両などに導入されています。多くの路線がその後廃止されてしまいましたが、1904（明治37）年に開業した香港の路面電車（トラム 14 項）は、今でも所有する全車両が2階建てです。

その後はフランスの高速列車TGVが、全車両2階建てを導入。この他、在来線でもドイツ、オランダなどで近郊車両などにも普及しています。

日本では1904年に大阪市交通局が採用。通常の車両の屋根の上にテント張りのオープン席を設けており、その名も「2階付」でした。本格的な2階建て車両は1958（昭和33）年に近畿日本鉄道が導入した「ビスタカー」が日本初です。1985（昭和60）年には新幹線にも2階建て車両が加えられます。

1994（平成6）年にはJR東日本が東北・上越新幹線にオール2階建て車両E1系を投入。同社は在来線用に同じく全編成2階建ての215系も新製しています。

しかし、ヨーロッパでは今でもTGVをはじめ、近郊用車両で主流を占めているのに対し、日本はそれほど普及していません。その大きな理由の1つに車両限界があります。狭軌の日本は車両の断面積も狭くならざるを得ず、その中で2つのフロアーを設けると、天井が低くなり居住性に問題が生じます。さらに空調機や床下に置かれた機器などを置く場所を確保すると同時に、各車に階段を付けなければなりません。このため乗車定員は単純に2倍にはならず、E1系で客席数の増加は約40％に留まっており、これも普及を妨げる要因になっているようです。

要点BOX
- ●TGVが全車2階建てを導入
- ●路面電車も一時は流行も、今は香港だけ
- ●空調機などの機器の配置も普及の妨げに

2階付

1904（明治37）年頃、花園橋を走る3号車。

（大阪市高速電気軌道提供）

新幹線E1系

設計段階では600系になる予定でしたが、JR東日本の付番方法の変更でE1系に。

（PIXTA提供）

ホリデー快速ビューやまなし号

東海道本線の着席サービス強化を目指して導入も、乗降時間がかかるなどの理由で使われず、現在は季節用列車などに導入されています。

（PIXTA提供）

48 新幹線の意外な盲点、荷物置場

開通当初、海外からの旅行者想定せず

新幹線の成功をきっかけに、世界の鉄道は見直され高速化されてきました。しかし発達の過程で、駆動方式、連接かボギーか、1階か2階建てかなど、それぞれ独自の進化を遂げてきました。その中で、世界のほとんどの国の高速鉄道にあって、日本の新幹線にだけないものがあります。車内の荷物置場です。

東海道新幹線が開通した50年以上前は、海外からの観光客は限られ、日本人も長期滞在の国内旅行など、あまり盛んではありませんでした。新幹線も会社員の、それも精々1泊か2泊程度の出張に対応して車内が設計されました。そのため、車内の両端に荷物置場はありません。しかし、最近の訪日観光客の急増で、対応しきれなくなっています。

TGV、ICEなど、ヨーロッパの高速列車の車内には、必ずといっていいほど荷物置場があります。一番多い形式は、扉を入り、右側が客室ならば反対側の左側に荷物棚が設置されています。これは日本を訪れた外国人の行動を見ていてもよくわかります。大きな荷物を持って乗車した外国人は、必ずといっていいほど、一度客室と反対側へ向かいかけます。しかし、そこに荷物棚がないことがわかると、車内へ戻ります。そのため扉付近での混雑は避けられません。

鉄道各社は、「車内の網棚は重い荷物を載せても大丈夫」と案内しておりますが、男性でも戸惑うような大きな荷物の場合、網棚まで上げるのは一苦労です。結局、大きな荷物は、ただでさえ狭い足元の空間に置かざるを得ず、窮屈な旅を強いられています。

2020年に東京五輪を控え、JR東日本は徐々にではありますが、東北・上越など新幹線の車内の座席の一部を、荷物棚に作り変えています。

世界に誇る正確さと、サービスの良さに、海外から来た人が驚嘆する新幹線ですが、意外な盲点があるようです。

要点BOX

- ●扉を入り、客室の反対側に設置が国際標準
- ●丈夫な網棚も、重いトランクは一苦労
- ●JR東日本が徐々に改造へ

車内の荷物置場

小田急ロマンスカー・70000形GSEは扉を入ると客席と反対側の、ヨーロッパでは一般的な位置に荷物置場があります。日本では数少ない車両です。

（東京モノレール提供）

客室内に設置された大型の荷物置場。各車両に1カ所ついています。

49 効率化とともに日本から消えた食堂車

ピークは山陽新幹線開通時の531列車

列車に長く乗れば途中で食事をしなければなりません。イギリスと同じく1830年代に営業を開始したアメリカの鉄道は、広大な大陸ゆえに長距離を走る列車も多く、旅行中に「寝て」「食べる」必要が生じました。当初は食堂車ではなく、列車は昼時になると停車し、乗客は駅の食堂で食べていました。しかしこれは、いかにも無駄です。そこから食堂車の発想が生まれたようです。

食堂車とは車内に調理を含む給食設備を設置する車両で、カウンターだけのビュッフェ車も含まれます。

日本では1899（明治32）年5月25日、山陽鉄道が京都～三田尻（現・防府）間を1日1往復する急行列車に併結したのが初めてです。国鉄もそれから遅れること2年、1901（明治34）年12月に新橋～神戸間の列車で食堂車の営業を開始しています。

戦後は1949（昭和24）年、東京～大阪間の特急「へいわ」、東京～鹿児島間の急行「雲仙」で再開されます。その後、東海道新幹線の開通、1970（昭和45）年の大阪万博など大きな催しを契機に在来線も次々と増発され、食堂車もそれぞれの列車に連結されるようになります。しかし、列車の高速化が徐々に食堂車の存在を危ういものにしていきます。

1958（昭和33）年、在来線で運行を開始した電車特急「こだま」には食堂車ではなく、ビュッフェ車が、その6年後に開通した新幹線もやはり食堂車はなく、ビュッフェ車だけでした。

それでも1975（昭和50）年3月、新幹線は博多までの延伸を機に食堂車が誕生。在来線も全国を走る531列車で営業していましたが、これが戦後最高で、これをピークに、その後、採算などの面から、食堂車は衰退の一途をたどります。

現在、食事の提供を主とする列車を除き、定期運用で食堂車が連結されている列車は、日本では1本もありません。

要点BOX
●給食設備を有する車両で、ビュッフェも含む
●現在は、すべての定期列車から消える

食堂車

ドイツのICEには、運行距離に関係なく食堂車が併設されています。

2階建て食堂車のイメージ

50 展望車、世界初はイタリアのセッテベロ

日本は名鉄、小田急が導入

運転席の後ろで、走る電車の先を見つめる。鉄道ファンならずとも、子供の頃に一度は経験されたのでは。この万人の願いを形にしたのが、展望車です。実は展望車には2通りあります。前と後ろです。後ろは、かつて東海道本線で運行されていた、特急「つばめ」「はと」の最後尾に連結され、デッキが印象的な車です。しかしここで触れるのは「前」です。

運転席を客席の上に上げ、先頭車両の最前部を客席にした展望車は、イタリアで初めて誕生しました。1952（昭和27）年、最高速度時速160㎞でローマ〜ミラノ間（631㎞）を6時間余で結んだ、ETR300・イル・セッテベロで、全体をグレートと緑と白の3色で包み、展望席は丸みを帯びた個性的で優美な先頭部分に納まっています。このデザインは、「詩的格調を持った世界で最も美しい列車の1つ」と絶賛され、ヨーロッパをはじめ、世界の車両に少なからず影響を与えました。日本もしかり。

1961（昭和36）年、名古屋鉄道（名鉄）が、日本で初めて、展望車を設けた7000系「パノラマカー」を誕生させました。製作担当者は後に「当時の副社長が訪欧時にイタリアで見たか、乗ったかしたセッテベロを気に入り、帰国後、車両部に写真等を回付した」と書き残しています。

これに続いたのが小田急電鉄です。2年後に同じく先頭に展望席を設けた、3100形（NSE）を世に送り出しました。その後、名鉄は運転席を2階に上げる方式をやめ、逆に運転席を最前部の低い位置に置き、その後ろに階段状に席を置く展望方式が定着します。

これに対し小田急は7000形（LSE）、10000形（HiSE）と継続。その後、一時、中断しますが、2005（平成17）年に50000形（VSE）で復活し、2018（平成30）年には70000形（GSE）が登場。「ロマンスカーといえば展望席」が広く浸透しています。

要点BOX
- ●詩的格調を持った世界で最も美しい車
- ●名鉄は撤退も、今も続く小田急

セッテベロ

セッテベロの展望席は定員外の誰もが座れる席で、後方車の乗客も空いていればいつでも「展望」を体験できました。

名鉄7000系

「パノラマカー」という愛称で呼ばれ、鉄道ファンの間では「永遠の名車」「伝説の車両」といわれています。2009（平成21）年に引退。

（PIXTA提供）

小田急ロマンスカー・70000形GSE

時速145kmの世界新記録を出した初代ロマンスカー．3000形SE車から数えて8代目に。建築家の岡部憲明氏が設計を担当。

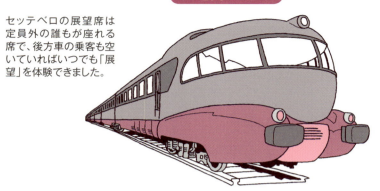

Column

冷房への苦情? が生んだシルバーシート

今でこそ、車両の冷房は当たり前ですが、半世紀前は、車両に冷房を付けるか否かは、役員会に諮られるほどの重要事項でした。1973(昭和48)年、当時の国鉄は窮地に立たされます。新宿~八王子間で旅客の獲得合戦を繰り広げていた京王電鉄がその年から、特急車両をすべて冷房化。これに本社旅客局営業課の須田寛課長は「このままでは勝負にならない、せめて特別快速だけでも冷房車両を」と役員会に諮りました。しかし結果は否決。それも「これ以上、お客様の苦情が増えるのは困る」となんともわかりにくい理由での結論でした。

当時、すでに車両の暖房はしていましたが、その温度をめぐり、乗客から「暑すぎる」「寒すぎる」との苦情が絶えず、現場は四苦八苦していました。そこに冷房が入れば「一年中、苦情に耐えなければならない」というわけです。

しかし、このままでは夏の間の乗客減は明らかです。そこで課長は再び、冷房案を提出。根回しもあり、ようやく役員会で認められます。1つ条件付きで。それは「苦情をかわす、明るい話題を提供せよ」でした。

そこで考え出されたのが「お年寄りと体の不自由な方々の優先席」でした。今日ほどではありませんが、世の中にバリアフリーの考え方が根付きはじめたころで、他の事業者に先駆けてやれば、「さすが国鉄」となることを目論んでの試みです。

せっかく設置するなら座席の色を変えよう、と思いましたが、そんな中途半端は量では、モケットを発注できません。そこに朗報が。浜松工場に「0系新幹線の座席に使うシルバー色なら、余っている」。当時の中央線の座席は青でしたが、優先席だけは「シルバー」に。

そこで問題になったのが座席の名前です。課長は会議で恐る恐る「シルバーシートでは」。これが満場一致で決定。その直後、NHKが、テレビドラマ「山田太一シリーズ『男たちの旅路』第3部 シルバーシート」を放映。これがヒットしたこともあり、都市部を中心とした私鉄各社もそろって「シルバーシート」を導入しました。

今はJR東海の相談役の須田さんは、「もしあの時、緑のモケットが余っていたら、今頃『グリーンシート』と呼ばれていたかもしれませんね」。

苦情をかわす。経営的には極めて消極的は発想ですが、そこから生まれたものは、後々に残る大ヒットとなったようです。

第6章

乗ったり、降りたり

51 線路に接する形で分かれるホーム

日本は少数派でも欧州に多い頭端式

駅での旅客の乗降、もしくは貨物の積み下ろしをするため、線路に接して設けられた台を「プラットホーム」、日本語では「歩廊《ほろう》」といいます。今は「ホーム」が一般的ですが、これは和製英語です。

日本の場合、レール上面からの高さは客車用が760㎜、電車用が1100㎜を標準としています。

路面電車は基本的に、「安全地帯」と呼ばれる道路上にわずかに嵩上げした場所や、終着の停留所などでは低めのホームを使います。

鉄道では、ホームをレールに対してどう置くかによって、いくつかの形式に分かれます。

「単式」はホームの片側のみが線路に接し、反対側は壁か、駅舎に接続しています。

「相対式」は、単式を2つ向かい合わせにしたもので、両ホームの行き来は跨線橋、地下通路や構内踏切で行います。

「千鳥式」は相対式のホームをずらして設置。両ホームの端、上下線の電車の運転台の近くに来るところに通路（踏切り）を設けることで、駅員が2つの列車の運転士と無駄なく連絡が取れ、単線区間のタブレットの交換などに効率的です。

「島式」はホームの両端が線路に接しています。駅舎は他のホームとは跨線橋、地下通路などで連絡します。単式を2つ設置するのに比べ設置費用や土地の面積が少なくて済む利点があります。

「切欠き式」は単式もしくは島式の一部を切り取った形状で、そこに行き止まりの路線用のホームを設けたものです。

「頭端式」はホームの一端を同一平面でつなげた形で、隣のホームと跨線橋などを使わずに移動できます。日本では阪急電鉄の梅田駅、JR東日本の上野駅など少数派ですが、欧米の主要ターミナルではよく見られる形です。

要点BOX

- ●電車と客車で異なるホームの高さ
- ●タブレット交換に便利な配置も

ホームの形式

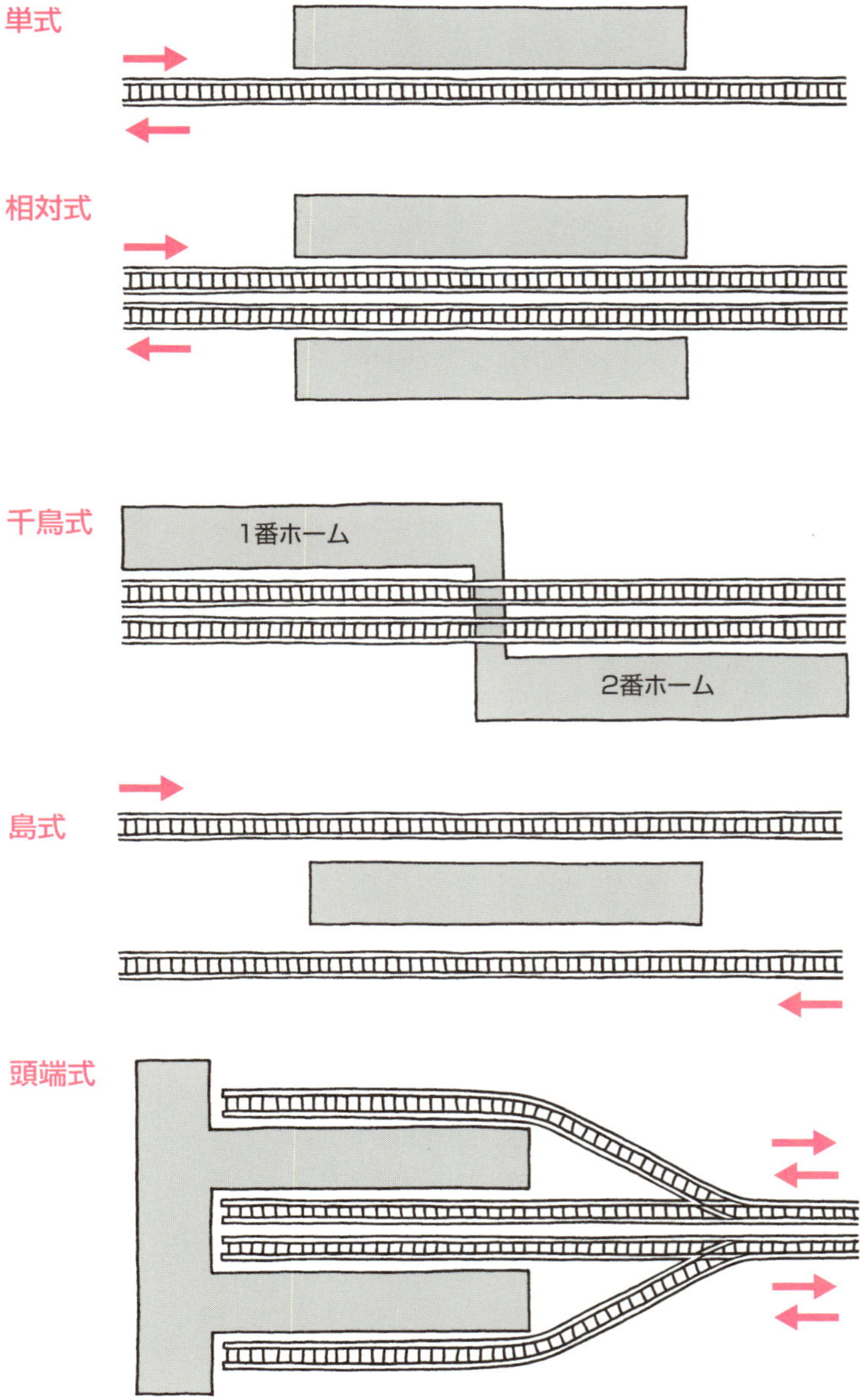

52 乗車券、縦横の大きさは世界共通

19世紀にイギリスの駅長が考案

鉄道を利用するには乗車券が必要です。この大きさはJRも私鉄もほとんど変わりません。世界共通だからです。

鉄道発祥の地・イギリスでは、開業当初、乗車券の大きさはバラバラで、それによる混乱も起きました。そこで1837年、地方鉄道の駅長、トーマス・エドモンソンが現在も使われている乗車券を考案。「エドモンソン式乗車券」と呼ばれています。

縦30㎜、横57・5㎜の「A型券」から、大きさ別に「B」「C」「D」の4種類が一般的です。

日本でも開業当初から、この乗車券が使われてきました。厚紙に印刷した、いわゆる「硬券」と呼ばれるものです。

しかし、自動券売機の登場で硬券から、ロール紙を使った「軟券」へと時代は移り変わります。

この流れも、1990年代に入り、各事業者が自動改札機を導入することで、大きく変わります。JR東日本の「イオカード」などの磁気式カードが使われるようになり、乗車券の需要は落ち込んでいきます。そして止めをさしたのが、「Suica」「PASMO」などのICカードでしょう。

さらにインターネットの普及で、JR東海の「スマートEX」など、パソコンやスマートフォンで予約から座席指定までできるシステムが、ますます乗車券の存在を危うくしてます。ヨーロッパなど海外でもチケットレス化は進み、乗車券を利用するのは観光客が主体です。

そんな中で、硬券が思わぬことをきっかけに復権したことも。年号が平成に変わり、「平成2年2月2日」など、数字が並ぶ乗車券を記念に買う人が増えました。しかし券売機で買った感熱式の乗車券は、時間が経つと地紋を残して、表面に書かれたことはすべて消えてしまいます。そこで各事業者はあらかじめ印刷された硬券に目を付け、「記念入場券」などとして発売しています。

要点BOX
- ●自動券売機が大きく変えた販売方法
- ●ICカードが紙の切符を駆逐
- ●消える乗車券が硬券の復活を促す

エドモンソン式乗車券

A型券

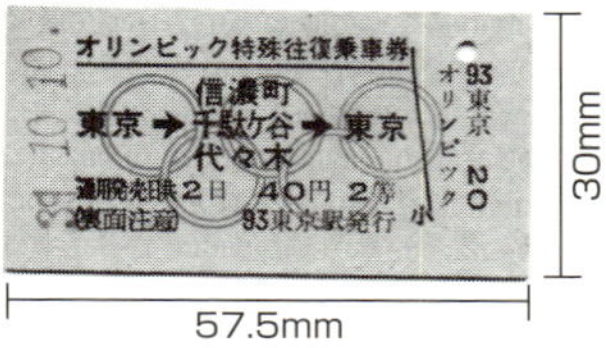

B型券

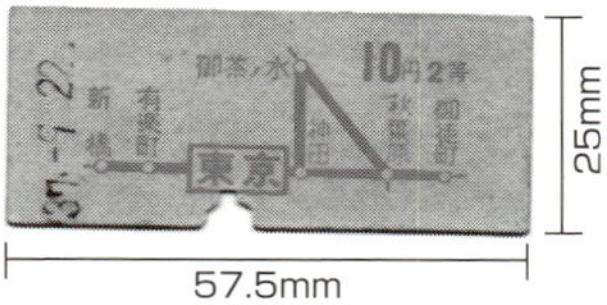

C型券

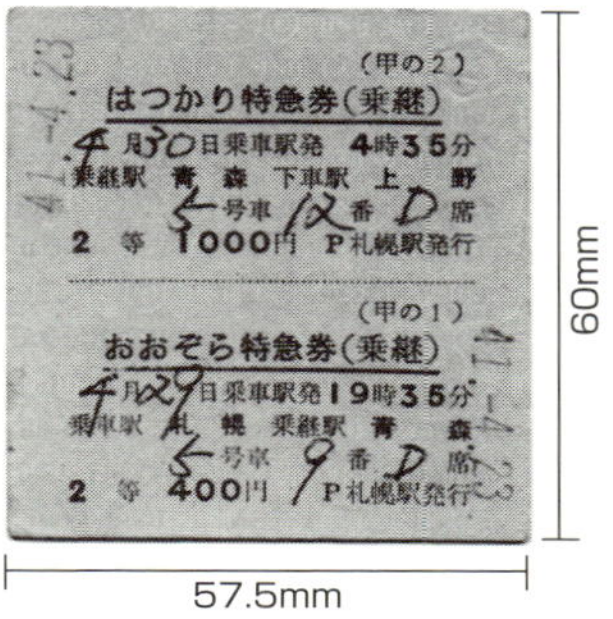

D型券

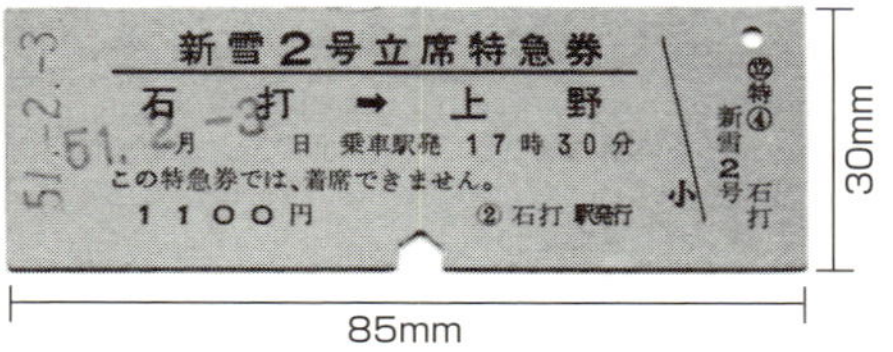

トーマス・エドモンソンが考案したのはA型券のみ。その後、幅57.5mmのロール紙を基本に、B、C型券が考え出されました。

活版印刷による硬券の製造風景

(山口証券印刷提供)

53 券売機、時代とともに多能式から多言語へ

模索する、外国からの観光客も使える機械

乗車券の販売。鉄道事業者にとって最も重要な業務の1つです。明治の創業から一昔前までは係員が売っていましたが、近年の技術の進歩とともに機械がとって代わり、現在も進化し続けています。

日本に自動券売機が導入されたのは1926（大正15）年4月、上野、東京両駅が最初といわれています。入場券専門で、決められた金額（硬貨）を入れると、1枚買えましたが、お釣りは出なかったようです。

今のように、お金を投入し、目的の乗車券を選び、お釣りをもらう、専門的には「多能式」と呼ばれる機械が本格的に実用化されたのは、1970（昭和45）年に大阪で開かれた日本万国博覧会からです。北大阪急行電鉄・万国博中央口駅構内にずらりと並べられました。

当初の多能式は、機械の中に印刷機能を設置。円形ドラムの外面に、それぞれの乗車券のゴム製の印版が並び、乗客が求める乗車券のボタンを押すと、ドラムが回転し、ロール紙に印刷していました。これでは印版が用意された乗車券しか買えません。

この難点を解消したのが「感熱方式」という印刷でした。この方式は、感熱紙の加熱した部分だけ黒くなるため、印版を必要とせず、さまざまな乗車券を1台の機械で発売することができるようになりました。

機能が高くなると、その分、一般の乗客の操作も複雑になります。特に訪日外国人などにとっては、乗車券1枚買うのも一苦労です。そこで2018（平成30）年に東京地下鉄（東京メトロ）と東京都交通局が共同で企画した券売機が登場しました。

日本語に加え、英、仏、西（スペイン）、ハングル、タイの6言語に中国語の簡体字と繁体字を加えた8種類の表記に対応。購入は駅名はもちろん、路線図、駅番号などからでも購入できます。さらに東京の主な見所を選ぶと、そこまでの乗車券が買えるなど、乗客の国際化に対応しています。

要点BOX
- ●日本初は上野と東京
- ●乗客の不便を解消した感熱方式

日本初多能式券売機

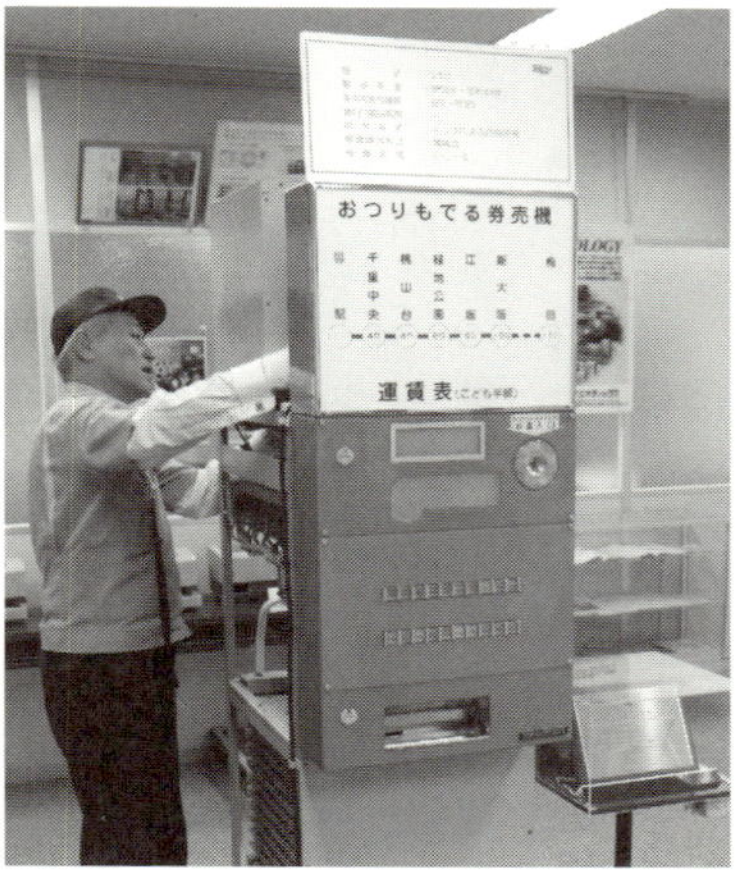

機械遺産に認定されている、世界初の多能式自動券売機。
（高見沢サイバネティックス長野第三工場にて）

多言語券売機

東京メトロ、都営地下鉄に登場した、多言語対応券売機。8種の言語に対応しています。
（東京メトロ提供）

万国博中央口駅に並ぶ多能式券売機

同駅は万博終了後、廃止に。券売機も、浴場の入場券発売機に転用されるものも。
（高見沢サイバネティックス提供）

54 自動改札機、目的は省力化と不正乗車防止

日本ならではの技術も、改札口のない欧米では普及もいまいち

鉄道を利用する人が駅で最も利用する機械は「自動改札機」では。改札を通る人を赤外線で感知し、投入された乗車券や、ICカードなどを読み取り、それぞれの運賃、利用期間などの有効性を判定し、新たな情報を書き込み、時には印字やパンチを入れる。これらすべてを1秒以内で処理しなければならず、内部には複数の中央演算装置を内蔵し、通過データ（収入、人員）を記録する機能も併せ持っています。

1967（昭和42）年、阪急電鉄の北千里駅に導入されたのが日本初です。しかし今のようにすべての乗車券に対応したわけではありません。「光学パンチ」と呼ばれる方式で、定期券に穴を開け、その穴の位置を光学的に読みとることで、改札を行っていました。

導入の目的は①省力化②サービス向上③不正乗車対策などがあります。このうち②は副産物も。自動改札機のデータを活用した新幹線の車内改札の省略です。新幹線の自動改札機を通過すると、その指定席券情報が、センターのコンピューターに配信されます。車掌は乗車前や、途中駅でセンターにアクセスし、手持ちの端末に情報を取り込み、空席であるはずのところに座っている人だけに、声をかけます。

進化しつつある自動改札機ですが、実はこれは日本ならではの技術です。欧米の鉄道先進国は元々、駅に改札口が存在せず、不正乗車は車内検札で取り締まっています。最近は、車内検札が難しい地下鉄などに自動改札機が導入され、またイギリスなどはIC乗車券の普及で、自動改札機の導入が進んでいますが、まだまだヨーロッパ全体で見れば少数派です。

ところで、自動改札機は乗車券に誤りがある時などに、扉が閉まり通行を阻止します。日本は万が一、妊婦さんのお腹に当たってはと、優しく閉じます。これに対し、欧米は「まず遮断」と、人がぶつかると怪我をしそうな勢いで閉まります。ここにも文化の違いがあります。

要点BOX
- ●運賃、有効性などのデータを1秒以内に処理
- ●新幹線の改札の省略にも一役
- ●扉の開閉に欧米と日本の文化の差

自動改札機

1台当たり、1分間に最大80人が通過できます。　（京浜急行電鉄・品川駅にて）

初期の自動改札機

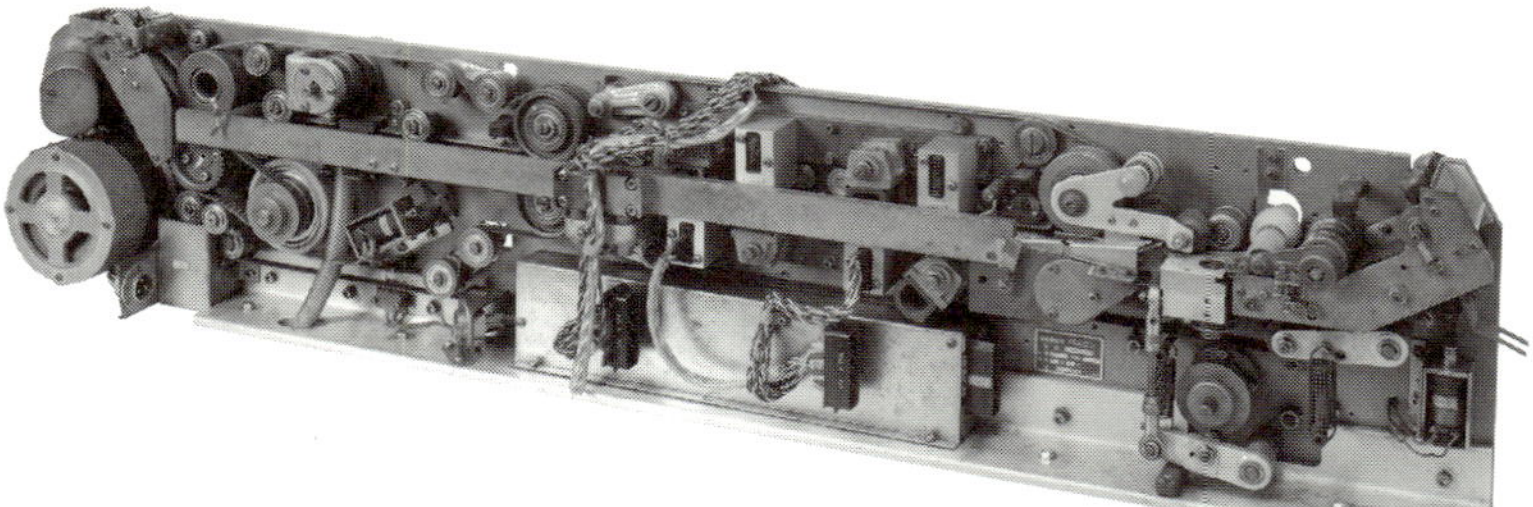

（オムロン提供）

機械遺産にも認定された初期の自動改札機の心臓部。

55 駅の表示、ネオン管からLEDへ

「固定」と「可変」、目的に応じて表示方法も変化

駅名から構内、改札口などの各方面別列車案内、そしてホームの列車出発時刻など、ほとんどの鉄道利用者が目にするのが駅の掲示板（サイン）です。

その目的に応じて大きく2つに分けられます。駅名や時刻表、構内の諸施設の案内など、表示内容が変わらない「固定」と、列車名、出発時刻など、内容が時々刻々と変わる「可変」です。

さらに通常は固定でも、改正時だけ可変になる「時刻表」もあります。

固定の表示方法は、昔の板などに墨や塗料で書かれたものから、戦後、ネオン管が採用されました。その後、表示面の裏側に蛍光灯やLEDなどを取り付け、裏から照らすものが主流になります。

ちなみにそこで使われる文字は時代とともに変遷し上図のように、これまで6種類の文字が使われてきました。

可変は、固定以上に時代とともに大きく方式が変わってきました。戦後しばらくは、長方形の木などの板に、列車名と発車時刻を書き、改札口の上などに掲示していました。次に「反転盤」が登場します。パタパタと賑やかな音とともに表面の板が回転し、列車名や発車時刻を表示していました。

この表示方式を大きく変えたのがLEDです。1990年代の、日本人の研究者が青色の発色に成功し、フルカラーが可能になってからは、駅の可変表示は、ほとんどがLED化されています。

サインは今、国際化の波に晒されています。訪日外国人の増加で、多言語化が不可欠で、その対応に追われています。機器の進歩で技術的には可能ですが、言語を増やすと、乗客の大半が必要としている、日本語の表示時間が短くなります。そこで、日本語を固定表示にし、隣に英語、中国語などを入れ替わり表示する方法などが考えられています。

要点BOX
- ●フルカラー化がもたらす、カラフル表示
- ●多言語化がここでも課題に

使用文字の変遷

書体		書体	
楷書体 昭和29年頃まで	東京駅	JNR-L体 昭和62年頃まで	東京駅
丸ゴシック体 昭和35年頃まで	東京駅	JR東日本書体 昭和62年以降	東京駅
角丸ゴシック体 昭和55年頃まで	東京駅	JR東海書体 昭和62年以降	東京駅

（『新陽社70年のあゆみ』から）

反転盤

今も健在の反転盤。見かけは同じだが、動作方法に進化も。

LEDの可変表示

列車種別ごとに色を変えるフルカラー表示が可能に。
（新陽社ショールームにて）

56 乗車位置目標、当たり前にあるのは日本だけ

ホームドア以外見られぬ海外

「乗車位置目標」。ホームドアが設置される以前の駅は、都会はもちろん、1日の乗客数が数人という「秘境駅」でも、必ず書かれているのが乗車位置目標です。事業者によって、呼び名は微妙に異なりますが、日本ではない駅を探す方が難しいでしょう。

日本では当たり前の設備ですが、国際的には極めて珍しい設備で、諸外国ではほとんど見かけることはありません。筆者の知る限りでは、ホームドアを除き、韓国の地下鉄の全駅、さらにアメリカ・サンフランシスコの地下鉄の数駅で見かける程度です。

ドイツの大都市の駅では、ホームを約100m間隔で仕切り、それぞれに「Aゾーン」「Bゾーン」などと名づけ、大きな標識がホーム上に掲示してあります。同時に次の列車の1等車は、どのゾーン付近に停車するかを、ホームの掲示板に表示する方法が一般的です。

他のヨーロッパの国々は大半がホームには何も書かれておらず、列車が到着してから、自分の乗る号車を探すことも珍しくありません。

日本では、特急停車駅では、特急の種類別、号車別に乗車位置目標が表示されているのが当たり前ですが、外国ではこれほどきめ細かいサービスを受けることはありません。

ただし、香港など海外の地下鉄などでは、ホームドアの設置が進み、これが実質的な乗車位置目標になっているところも増えつつあります。

そんな中で、ロンドンの地下鉄ヴィクトリア線は、ホームに緑色のペイントで、乗車位置目標を表示してあります。

同線は世界で初めて自動列車運転装置（ATO）を実用化した鉄道です。このため他のヨーロッパの列車が、停止位置に幅を持たせている中で、同線は正確に決められた位置に停止します。これが乗車位置目標を導入した理由でもあります。

要点BOX
- ●自動運転で停止位置を決めたロンドン
- ●ホームをゾーンで仕切るドイツ鉄道

客車の編成を眺める乗客

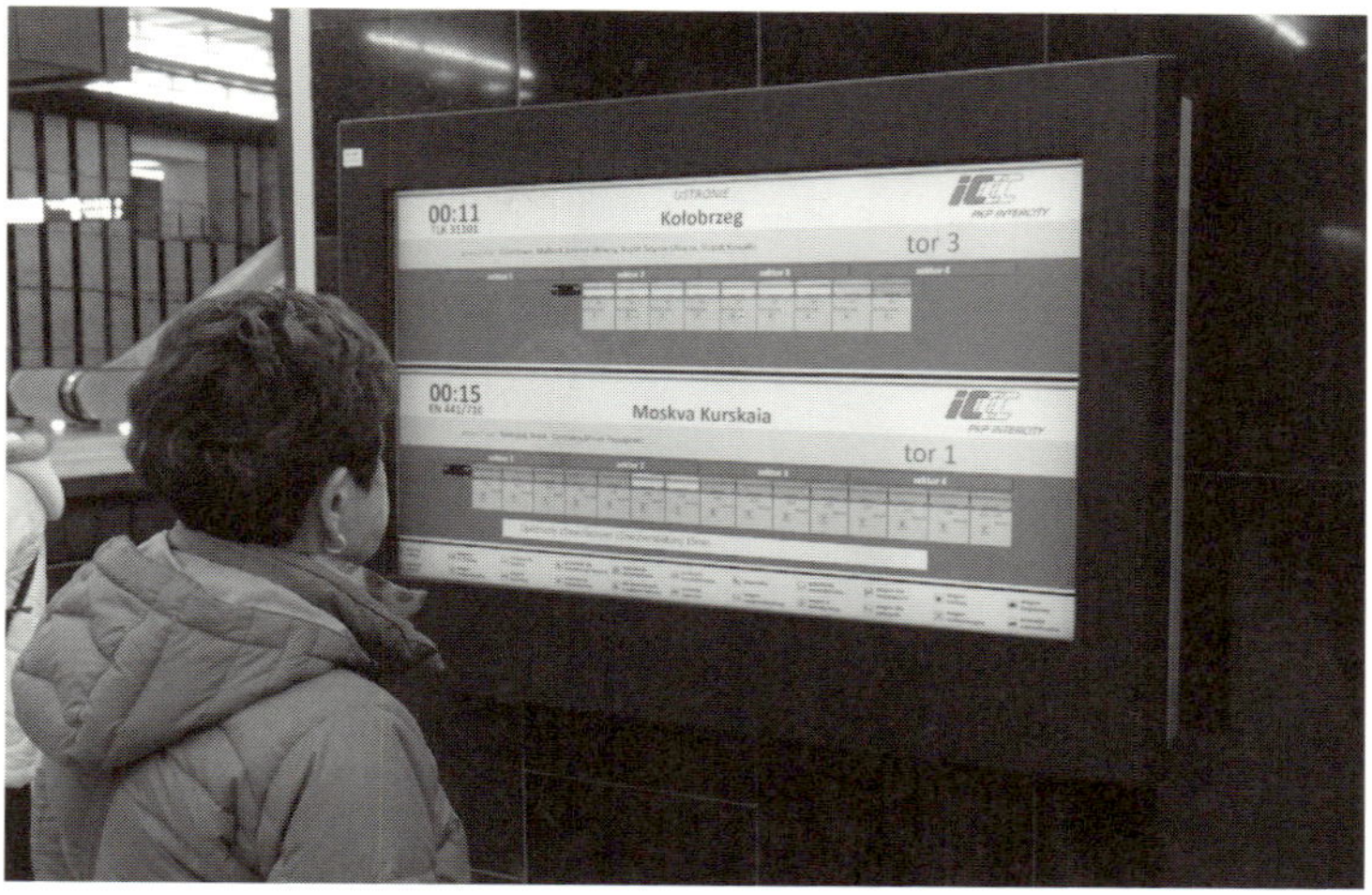

（2017年5月ワルシャワ中央駅にて）

ホーム中央付近に設置されたディスプレイに、これから来る列車の編成が表示されています。

乗車位置目標

行き先別、列車種別ごとに表示を分けることで整列乗車も促しています。

57 ホームドア、日本初は新幹線の通過列車対策

設置費用や重量、さらに扉の数も課題に

ホームドアは乗客のホームからの転落や、列車との接触事故を防ぐために設置され、英語では「スクリーンドア」ともいいます。

日本では1974（昭和49）年、東海道新幹線熱海駅に設置したのが国内初です。同駅は通過列車が多いのですが、土地の問題から待避線が設置できず導入されました。新幹線以外の普通鉄道では営団地下鉄（現・東京メトロ）南北線が初めてです。

形式は大きく3つに分かれます。地下鉄など駅の天井まで完全に閉じるのが、「フルスクリーン式」です。南北線は同形式が採用されました。しかし設置費用が高額なことがそれ以降の普及の妨げになっています。

そこで考え出されたのが「可動式ホーム柵」です。腰までの高さで、フルスクリーンより安く導入できることから、新規路線や、既存路線のワンマン運転化による安全対策として導入されました。

この2つの方式は列車とホーム双方の扉が同じ位置に来なければ、乗り降りできません。そのための装置はいくつかありますが、現在はトランスポンダを使った方式が一般的です。車両の下部に車上子、線路上には長方形の地上子をそれぞれ設置します。縦約1mの地上子は列車の停止位置により「ショート」「ジャスト」「オーバー」の3つの異なる信号を発しており、ジャストのところに止まらない限り、列車の扉を開けることはできません。

ホームドアの設置にはホームの基礎工事が必要です。また扉の位置が同じ車両しか使えなくなるなどの、問題も発生します。

この課題を解決するために開発されたのが、「昇降式ホーム柵」です。ロープや棒（バー）などが昇降する形式で、重量も軽く、開口部を広く取り、扉の位置が異なる車両も入線できます。設置費用は最も安く、保守・整備も安価ですが、ロープの間を潜り抜けられるなど、安全面の課題も残しています。

要点BOX
- ●ワンマン運転が導入のきっかけに
- ●トランスポンダで定位置に停車
- ●ロープ昇降式は安価も、安全に疑問

フルスクリーン式

（東京メトロ提供）

日本では価格の問題から採用しているところは少ないですが、海外の地下鉄ではこのタイプが多いです。

可動式ホーム柵（腰高式）

（東京メトロ提供）

日本で最も普及している方式。開口部を広げ、扉位置の異なる車両に対応できるタイプは開発中。

用語解説

トランスポンダ：無線通信などに使用される中継器。TRANSMITTER（送信機）とRESPONDER（応答機）からの合成語。

Column

過保護なエスカレーターが奪う貴重な時間

東京の地下は早い者勝ちです。上下水道、ガスに、ところによっては電気、通信の配管、さらには地下鉄が地中を縫うように張り巡らされています。

工事は、浅いところからはじまります。昔は地下鉄も地上から溝を掘り、その上に蓋をする形で作っていました。しかし後から掘る人は、そこにあるものを除けながら進まなければなりません。勢い深くならざるを得ません。

地下鉄は地中深く掘り進められる、シールド工法が開発されたため、まさにモグラの如く、地上にまったく影響を与えずに、配管、配線、そして地下鉄を除けながら、掘り進むことができるようになりました。その結果、後から掘る地下鉄は深くなるばかり。

日本で一番深い、東京都営地下鉄大江戸線の六本木駅は地表から43mも潜ったところにあります。しかしロシアの地下鉄はこんなものではありません。

モスクワ、サンクトペテルスブルグの両地下鉄は、ほぼどの駅も、深い深い穴の底に、駅がある感じです。特にサンクトペテルスブルグは大量の地下水と、それに伴う脆弱な地盤のため深く、手元に詳しいデータはありませんが、世界でもトップクラスといわれています。そのなかで最も深いといわれる、アドミラルチェーイスカヤ駅で、実際に地上の入口からホームまでの時間を計ってみました。

下りエスカレーターを使った、3回の平均は5分17秒。これに対し六本木駅は4分28秒。ただし単純には比較できません。アドミラルチェーイスカヤ駅が恐ろしく長い1本と、日本では長い部類に入るエスカレーター2本で結ばれているのに対し、六本木駅は短いエスカレーター5本を乗り継ぐ上に、地上に出る寸前に49段の階段を登ります。さらに決定的な差があります。エスカレーターの速度です。

踏み板10枚が出てくる速度は六本木駅の7・8秒に対し、アドミラルチェーイスカヤ駅は5・1秒。単純計算すればアドミラルチェーイスカヤ駅は六本木駅より1・5倍深いことになります。

ロシアのエスカレーターはアドミラルチェーイスカヤ駅に限らず、同市でもモスクワでもすべて高速です。香港もロシアほどではありませんが、かなりのものです。言い換えれば日本のエスカレーターが世界標準に比べ異状に遅いといっても過言ではありません。これが、「安全」のためだけならば、日本人は過保護のもとで、貴重な時間を失っている、のかもしれません。

第7章

電車のあれこれ

58 車庫の不足から生まれた、電車寝台

煩雑な転換作業、居住性の悪さが普及の壁に

世界に先駆けて鉄道の高速化に成功した新幹線。実は電車王国日本には、もうひとつ世界で唯一のものがあります。電車寝台です。20世紀初頭にアメリカで実用化されたという記録は残りますが、現存するのは日本だけです。その背景には日本ならではの事情がありました。「電車王国」に加え、「高度経済成長」、そして「国鉄赤字」です。

1970年前後の高度成長期、鉄道に対する需要も急増。しかし赤字国鉄は車両の増産は可能でも、それを置いておく車両基地は、土地の価格高騰などで、拡張はままなりません。そこで昼は座席車、夜は寝台で活用し、しかも客車に比べ走行性能が高い、電車に着目しました。

1967年(昭和42)から、581系、583系が製造されました。しかし、寝台、座席の転換作業の煩雑な業務、リクライニングしないなど、座席車としての居住性の悪さなどが災いし、それ以上の普及はありませんでした。さらに、新幹線の登場や航空機の普及で寝台列車そのものが衰退の一途をたどります。

しかし本来、寝台は事業者から見れば、高い運賃が取れる車両でもあります。そこで乗客の求めるものと合致した列車として考え出されたのが、電車寝台「サンライズ」でした。東京と四国の高松、山陰の出雲市を、航空機の最終便より遅く出発し、朝一番の便より早く着くことを売り物に登場しました。

編成中の多くの車両を2階建てとすることで、頭上の空間を確保した個室を中心に構成。このほか座席指定券で乗車できる「ノビノビ座席」など、より気軽に利用できる席も用意されています。

サンライズの愛称は「さわやかな朝、新しい一日のはじまり」という意味が込められており、従来の、「北斗星」「ゆうづる」など、夜を連想させる名前が主流だった、ブルートレインなどとは異なり、外観も明るい塗色が使われています。

要点BOX

- ●復活のきっかけは、寝台料金
- ●航空機の最終便より遅く、朝一番より早く
- ●星座の名前から、朝を連想させる名に

世界初の電車寝台

（PIXTA提供）

昼も夜も走り続けましたが、寝台列車としての役目は2013（平成25）年に終え、以後座席車として2017（平成29）年まで活躍しました。

寝台特急サンライズ瀬戸・出雲

（PIXTA提供）

高松行きの「サンライズ瀬戸」と、出雲市行きの「サンライズ出雲」は、岡山駅で分割・併合。シャワー室が完備されています。

59 貨物電車、誕生の背景は地球温暖化

高速化で宅配便の需要に応える

地球温暖化が叫ばれて久しく、貨物輸送も二酸化炭素（CO_2）の排出削減が求められています。鉄道で同じ重さの荷物を同じ距離運ぶと、同排出量は貨物トラックの10%程度であることから、鉄道に切り替える「モーダルシフト」が世界的に注目されています。

世界初の貨物電車は環境問題を考えつつ、高速化するために考案されました。2004（平成16）年から運用を開始した、日本貨物鉄道（JR貨物）のM250系電車で、「スーパーレールカーゴ」の愛称で呼ばれています。

誕生の背景にはモーダルシフトに加え、東京〜大阪間の高速化があります。同区間はJR貨物の年間総輸送量の1割以上を占めています。しかし起終点の鉄道駅と、発注者、受取者の間はトラック輸送になるため、積み替えなどに要する時間から、速達性が求められる宅配便などの小口貨物は、鉄道を選択しづらい状況が続いていました。JR貨物の機関車牽引の貨物列車は、同区間を最速6時間40分で結んでいましたが、それでも宅配業者などの要望には応えきれていませんでした。そこで同区間を約6時間に短縮するため、加減速に優れている動力分散方式、すなわち電車の導入となったわけです。

M250系は16両編成で、前、後ろにそれぞれ2両、計4両が電動車で、中間の12両が付随車です。最高速度は時速130㎞で、東京貨物ターミナル〜大阪安治川口間を6時間11分から12分で結んでいます。ちなみにこの列車の表定速度は時速約91㎞で、東海道本線で東京〜大阪間を走破した歴代の列車の中で、最も早い列車でもあります。

2004（平成16）年には「エコプロダクツ大賞エコサービス部門国土交通大臣賞」、さらに翌年には貨物専用車両としては初めて、鉄道友の会の「ブルーリボン賞」をそれぞれ受賞しています。

要点BOX
- ●最高速度は時速130km、誇る歴代最速
- ●貨物専用車で初のブルーリボン賞

M250系スーパーレールカーゴ

（PIXTA提供）

JR貨物と佐川急便が共同開発した特急コンテナ電車。

M250系スーパーレールカーゴの編成

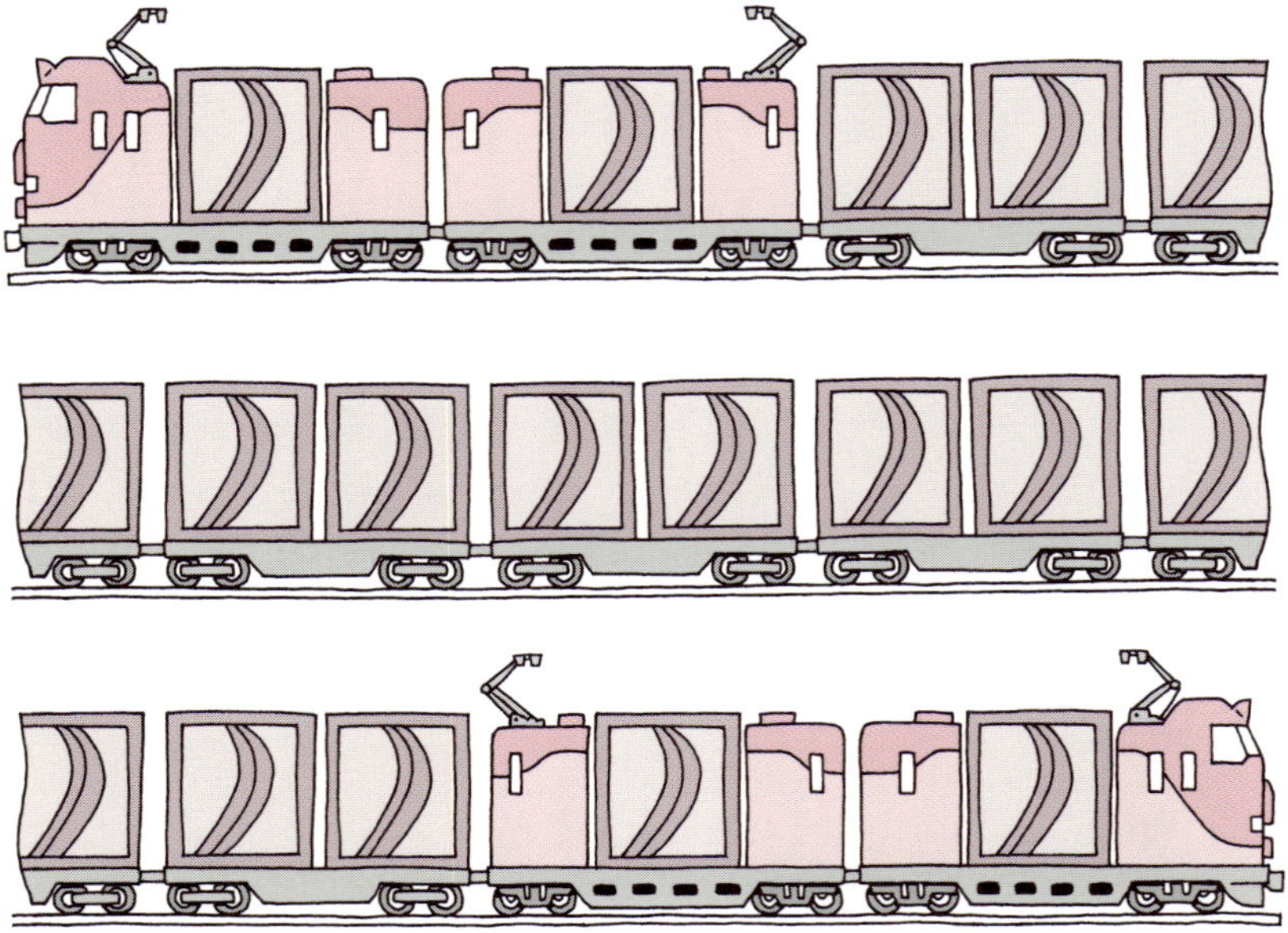

60 世界の趨勢に乗り遅れる？路面電車

欧米は環境問題から都市交通の主流に

電車王国日本で唯一、世界の潮流に乗り遅れているのでは、と思うのが路面電車です。ヨーロッパを中心に、特急が止まるような大きな駅に降り立つと、ほとんどといっていいほど、駅前に路面電車が走っています。これに対し日本は、かつては東京、大阪、名古屋、京都、札幌などの大都市でも、路面電車が網の目のような路線を持ち、都民、市民の足でした。しかし、自動車の普及とともに、ほとんどの都市から姿を消し、今では19路線が残るのみです。これに対し欧米はかつて廃止した路線の復活、さらには新設と、路面電車は見事な復権を果たしています。その背景に環境問題があります。

その際たる例が、フランスのストラスブールです。同市もやはり一時的に路面電車は廃止されてしまいました。しかし自動車の排気ガスによる環境汚染に、時の市長が路面電車の復活を計画。市の中心部から自動車を締め出してしまいました。当初は反対する人もいましたが、今では路線の拡張を模索するなど成功裡に終始しています。このほかの都市でも、既存の路線の存続はもちろん、新設するところもあるなど、路面電車はどこでも見直されています。

日本で復活の兆しも。富山市は2006（平成18）年に廃止になったJR富山港線の約8㎞に加えて、駅前の1㎞区間に路線を新設。LRTと呼ばれる低床式電車を導入し、予想を上回る乗客が利用しています。

さらに宇都宮市と芳賀町は駅前から、工業団地への路面電車を計画。2022年の開業を目指しています。東京都豊島区も池袋の駅前から、サンシャインシティ方面を一周する路線を計画。こちらも2025年の営業開始を目指しています。

路面電車は環境面もさることながら、観光面からも見直されています。外が見えない地下鉄に比べ、道路上を走る路面電車は、それだけで「展望席」でもあり、世界の各都市で活用されています。

要点BOX
- ●復活で、市の中心部から消えた自動車
- ●富山、宇都宮、豊島区と日本でも復活の兆し
- ●観光面で「展望席」として見直しも

パリの路面電車

連接構造の長い車両が信用乗車(P154コラム)で、地下鉄並みの輸送力を発揮します。

東京都営交通荒川線

1950年代には路線網が210km以上あった都電。唯一残る荒川線は早稲田〜三ノ輪橋間12.2kmを結んでいます。

61 世界に先駆け、鉄道にもハイブリッド

機構の複雑さと蓄電池の重さが普及の妨げに

ハイブリッドは自動車だけではありません。鉄道にも存在します。JR東日本は2007（平成19）年、世界初の同方式の車両の営業運転を小海線で開始しました。その後、仙石東北ラインにも投入しています。内燃機関とモーター、それに蓄電池を搭載し、減速時はモーターを発電機として使う回生ブレーキを作動させ、電池を充電します。

しかし車と鉄道では異なることがあります。車は内燃機関とモーター両方の力が車輪に直結。その配分は電子制御が差配しています。これに対し鉄道は車輪に直結しているのはモーターだけ。内燃機関はあくまで発電のみで、高速で走りたい時は、内燃機関の回転数を上げます。回生ブレーキが使える分だけ省エネになるわけです。

しかし2018（平成30）年、JR東日本は、新型電気式気動車を投入します。ハイブリッド方式から蓄電池を取り除いた方式です。モーターで走るのだから「電車」でもよさそうですが、同社はこの方式を「気動車」にしています。その一方で、62項の蓄電池式は「電車」に区分けされています。

ハイブリッド車の製造が2019（平成31）年現在、33両に留まっているのに対し、電気式気動車は今後、計画だけでも300両近く生産される見通しです。なぜ、省エネ効果が少ない車両が、より多く使われるのか。蓄電池を搭載することによる、構造の複雑化と重さに関係があるようです。

電池を搭載し、回生ブレーキを使うとなると、通常の気動車より構造が複雑になり、製造費ならびに維持費も大きくなります。さらに重い電池を載せればその分のエネルギーが必要で、回生ブレーキでの節約分より大きくなれば、電池をはずし、車体を軽くした方が省エネになります。

バッテリーの小型化など、技術の進歩があれば再びハイブリッドが脚光を浴びる日もあるでしょう。

要点BOX

●自動車と異なり、内燃機関は充電だけ
●量産は蓄電池をはずした電気式気動車

駆動システム

液体式気動車

キハE130系
キハ40系列

エンジンの回転力をトルクコンバータと減速機で動力を伝達

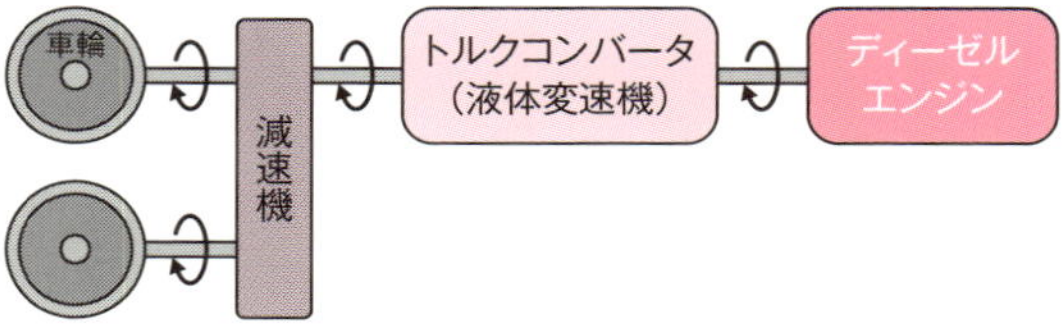

新型電気式気動車

GV-E400系

エンジンで発電し、電車と同じ駆動システムで動力を伝達

ハイブリッド式気動車

HB-E300系
（リゾートしらかみ等）
HB-E210系
（仙石東北ライン）

ブレーキ時にモーターを発電機として利用し、蓄電池に充電する。発電機や蓄電池からの電力をもとに、電車と同様に制御装置でモーターを駆動する

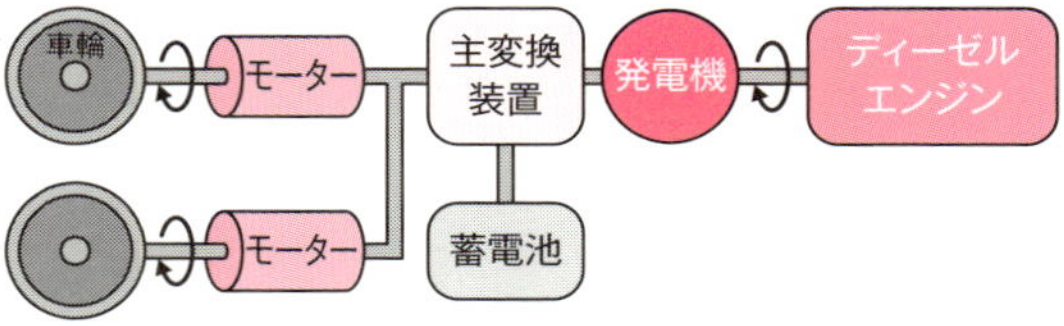

（JR東日本の資料を基に作成）

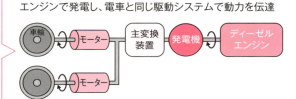

62 架線もパンタもいりません、蓄電池電車

関東は烏山線、九州は筑豊本線で日本初の実用化

蓄電池電車とは、動力源に車載の蓄電池からの電力を使う電車です。日本での歴史は浅いのですが、ドイツ、イタリア、アメリカなどでは19世紀後半から開発が進められ、一部は営業運転も行われていました。しかし、その後の内燃機関の性能向上で一時は廃れ、非電化路線では、内燃機関を搭載した気動車が主流でしたが、近年、環境問題や蓄電池関連技術の向上により、世界的に実用化が進んでいます。

構造は基本的には一般の電車と同じですが、蓄電池が搭載される分だけ、頑丈に作られています。

従来の電車や気動車に比べ、次のような長所短所があります。電化に伴う設備投資が不要なため、非電化区間の不採算路線での電化が比較的容易、気動車と比較し騒音、振動が少ない、回生ブレーキで充電するためエネルギー効率が高い、などの半面、気動車より走れる距離が短い、充電に時間がかかる、蓄電池の重量の影響で加減速性能が劣る、などの欠点を併せ持っています。

1962（昭和37）年に廃止になった宮崎交通線では、鉛蓄電池を電源とする車両を使っていました。その後、鉄道総合技術研究所が研究を重ね、路面電車に架線のない部分を設け、そこを蓄電池で走る実験を繰り返しました。

2014（平成26）年に、JR東日本が烏山線（宝積寺～烏山）で、日本初の営業運転を開始しています。同年、JR九州も架線式蓄電池電車「DENCHA」の開発を発表。2年後に筑豊本線の折尾～若松間で営業運転をはじめています。

いずれも架線のある区間では架線から集電して走行しながら蓄電池に充電し、架線のない区間では充電した電池で走ります。

烏山線では、終着の烏山駅は非電化ですが、駅に急速充電装置を設置しています。一方、JR九州は電化されている折尾駅で充電しています。

要点BOX
- ●長所は容易な電化、少ない騒音、振動
- ●短所は走行距離が短く、長時間充電

BEC819系

JR九州の架線式蓄電池電車。DUAL ENERGY CHARGE TRAINの頭文字をとった「DENCHA(でんちゃ)」の愛称で親しまれています。

EV−E301系

(JR東日本提供)

JR東日本が初めて導入した一般型直流用蓄電池駆動電車「EV-E301系」。

EV車両システム動作モード

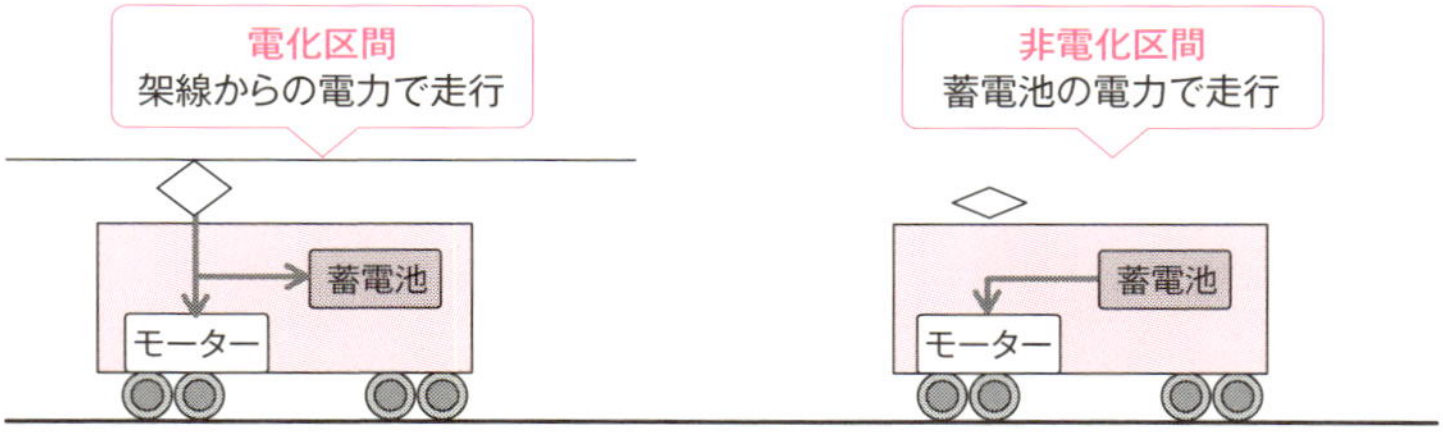

63 モノレール、一時は都市交通の切り札にも

懸垂式と跨座式、それぞれが併せ持つ長所短所

モノレールは、1本の軌条（レール）の上を走行する交通機関です。語源は英語の「1つ」を意味する「mono」に「rail」で、日本語は「単軌鉄道」です。

2本のレールを使う鉄道に比べ、高架化が容易で、この結果占有面積が狭く、市街地が形成された後から敷設する時などは、大きな利点となります。また、ゴムタイヤを使用するものが多く、騒音公害は少なく、急勾配にも対応できます。

その半面、高速性能に劣り、ゴムタイヤを使用する場合は、転がり抵抗が鉄車輪よりも大きく、その分動力費がかさみます。さらに高架路線の場合、車両故障などが起きた時、乗客を避難させるのが難しく、さらに、公道上に軌道を敷設するため、都市景観を損なうなどの欠点も併せ持ちます。

方式は「懸垂式」と「跨座式」の、大きく2つに分類できます。

懸垂式は、上部のレールから車両が「懸垂」しているように吊られており、歴史は跨座式より古く、商業的に成功したのも同方式が先でした。

同方式で現存する最古のものは、1901（明治34）年に営業を開始した、ドイツのヴッパータール空中鉄道です。上野動物園内の東京都交通局上野懸垂線は1957（昭和32）年に開業、これが世界で2番目に古いものです。当初は都電や都バスに置き換える計画で開発されましたが、財政難などから他の路線の建設は見送られました。同線も2019（令和元）年11月に運休予定で、その後の計画は不明です。

跨座式は車両の下にレールがあり、車両がレールを跨ぐ方式です。懸垂式に比べ歴史は浅く、戦後に実用化され、日本では日立製作所がドイツの技術を導入した、コンクリート製の軌道上をゴムタイヤで走行する方式が主流です。2019年現在、日本で営業しているモノレールは10路線で、そのうち懸垂式が4、跨座式が6です。

要点BOX
- ●現存する世界最古はドイツの懸垂式
- ●上野動物園は世界で2番目の古参
- ●跨座式は日立の独自方式が普及

世界最古のモノレール

正式名称は「オイゲン・ランゲン式単軌懸垂鉄道」。総延長13.3kmのうち10kmは川の上を走ります。
（ドイツ・ヴッパタールにて）

上野動物園モノレール

上野動物園内をつなぐ上野懸垂線。世界で2番目に古く、営業区間は300m。

東京モノレール

東京オリンピックに向けた輸送機関として1964（昭和39）年、モノレール浜松町～羽田間が開業。

64 案内輪と案内軌条が特長の新交通システム

10路線が運行も、10年以上、新設路線なし

正式名称は「自動案内軌条式旅客輸送システム（AGT）」で、動輪にゴムタイヤを使用し、誘導案内を案内輪と案内軌条で行っている交通システムです。

日本工業規格（JIS）は懸垂式鉄道、跨座式鉄道、無軌条電車、鋼索鉄道、浮上式鉄道と同じ「特殊鉄道」の範疇として扱っています。

その歴史は意外に古く、1960年代に大都市の自動車交通の行き詰まりに悩んだアメリカで開発がはじまりました。その後、いくつかの方式が考案され、最終的にゴムタイヤ方式に収斂《しゅうれん》されました。

案内方式は、軌道の両側にある案内軌条に車両側の案内輪を押し当てて誘導する「側方案内方式」と、軌道中央にある案内軌条を左右の案内輪で挟み込み、誘導する「中央案内方式」の2通りがあります。後者は千葉県佐倉市で山万が運行するユーカリが丘線と、桃花台新交通（愛知県＝2006年10月廃止）で、残りはすべて「側方」です。

ゴムタイヤを使用することから勾配に強く、1車両の長さが、通常の鉄道車両に比べ半分以下なので、急カーブも曲がることができます。また建設費が鉄道に比べ比較的安価なのも、特長の1つです

このため、鉄道を敷くほどの需要は見込めないが、かといってバスでは輸送力が足りない都市部で、用地の関係から急カーブにならざるを得ない箇所などに導入されてきました。

日本では1972（昭和47）年、京成電鉄が谷津遊園で導入したシステムが、一般の人が乗車できる最初のものです。本格的に実用化されたのは1981（昭和56）年に開業した、神戸市の神戸新交通ポートアイランド線（ポートライナー）で、その後、各地で導入が進み、現在は全国の10路線で運行されています。しかし2008（平成20）年の、東京都交通局日暮里・舎人ライナーを最後に、新規路線の建設はありません。

要点BOX

●「中央」と「則方」に分かれる案内方式
●鉄道に比べ強い急勾配、急曲線

案内輪とパンタグラフ

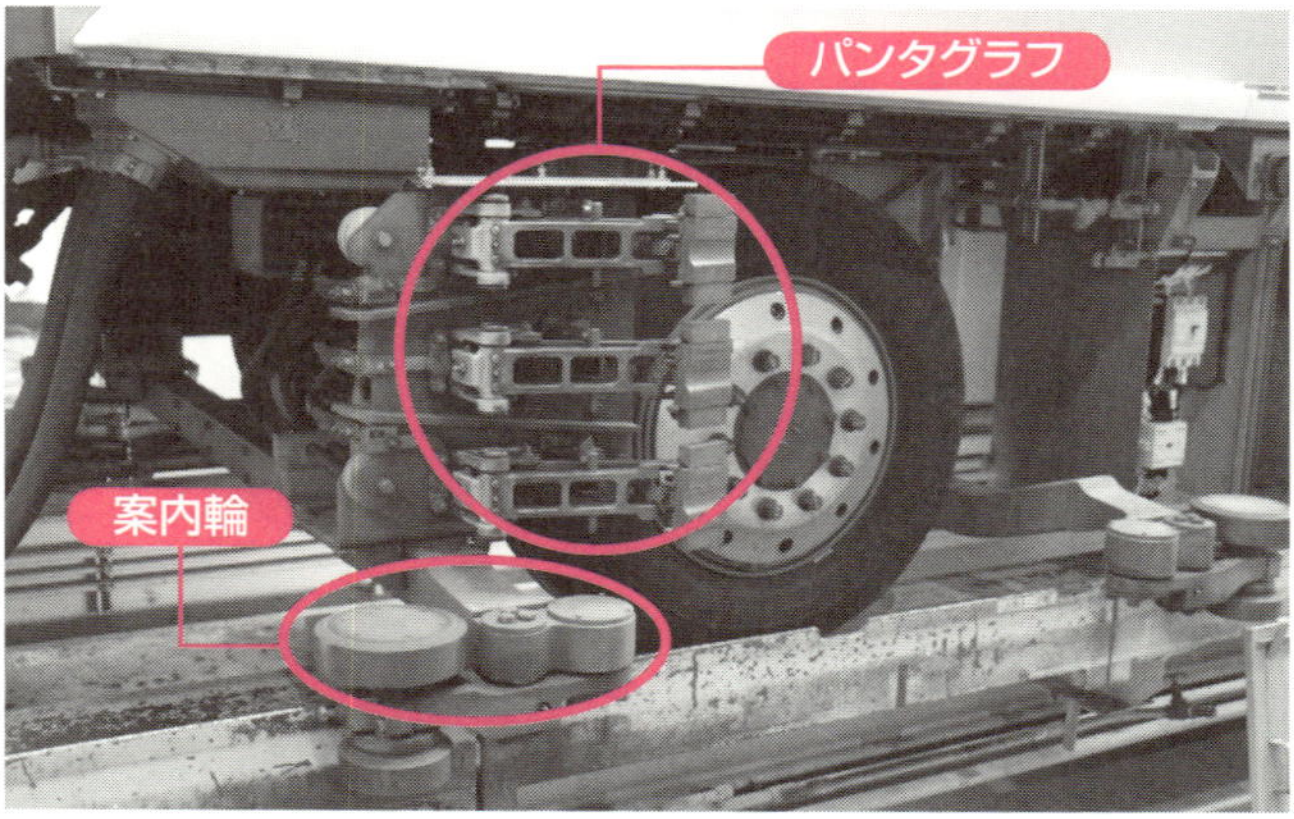

（埼玉新都市交通車両基地にて）

タイヤの左側にある3本の格子状の横棒がパンタグラフ。それぞれが線路脇の架線に接し、電気を取り入れています。

軌道構造一般図

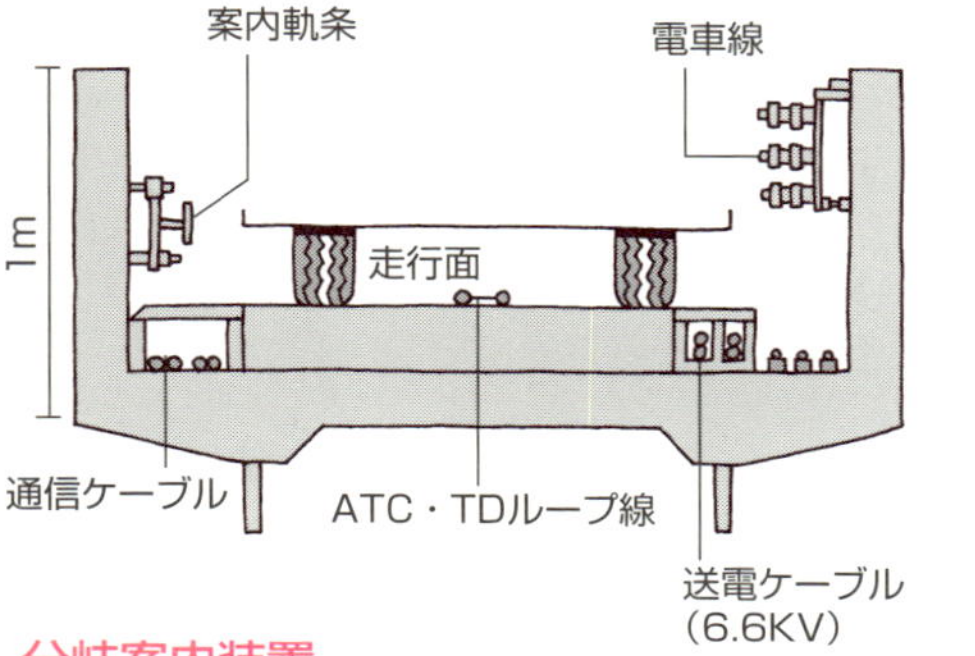

分岐案内装置

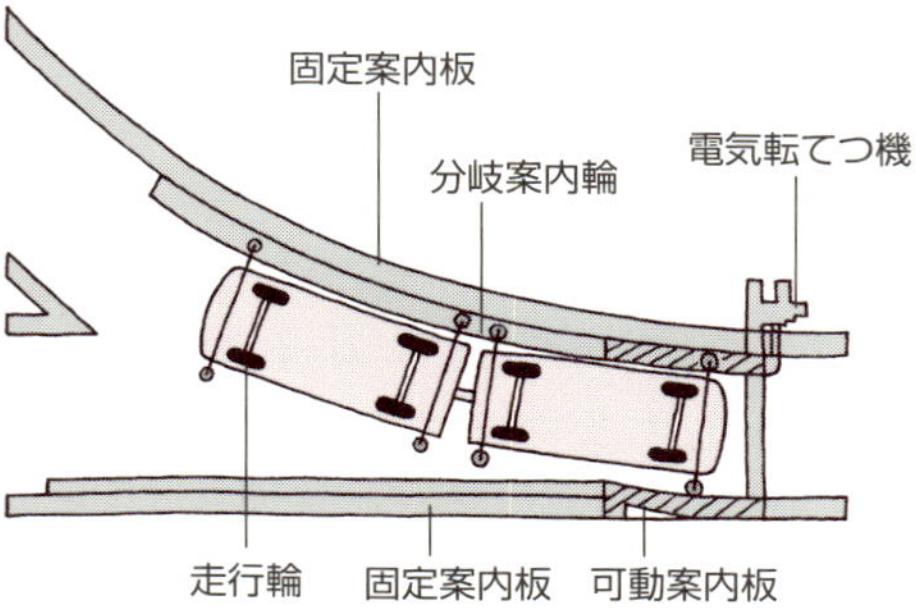

（埼玉新都市交通の資料を基に作成）

案内輪と分岐案内輪

（埼玉新都市交通車両基地にて）

案内輪（上）が軌道側面にある案内軌条に接して走行します。分岐案内輪（下）が分岐部の可動案内板の溝に入ることで進路が変更されます。

65 「無軌条電車」と呼ばれた、トロリーバス

大都市で重用されるも、時代とともに姿消す

道路などの上空に張られた、架線（12項）から集電した電気を動力として走るバス。外観も運転方法もバスに近いのですが、鉄道事業法では「鉄道」に属し、「無軌条電車」ともいわれます。

架線からトロリーポールを用いて集電し、電動機を回すことから「トロリーバス」とも呼ばれます。動力源や主制御機器は電車とほぼ同じです。道路上を走るため、ゴムタイヤを履いており、普通の電車のように線路に電気を戻すことができず、架線はプラスとマイナスの2本で、車体のポールも2本必要です。

路面電車との比較では、軌道の保守・整備が不要な上、軌道に制約されないため、ある程度までは、障害物を避けられるなどの自由度を持っています。またゴムタイヤなので、勾配にも比較的強い利点もあります。その半面、ゴムタイヤのため転がり抵抗が大きく、鉄の車輪に比べ交換時期が早く、消費電力も多くなる、などの短所もあります。

さらに路線バスとの比較では、排気ガスを出さない、騒音が少ない、燃料補給が不要などの長所に対し、架線の敷設・維持に時間と費用がかかる、迂回運行ができない、前のバスを追い越せない、などの短所も併せ持っています。

1882（明治15）年にドイツ・ベルリンの540m区間で運行を開始したのが世界初といわれています。日本では1928（昭和3）年に、阪神急行電鉄（現・阪急電鉄）が、現在の川西市付近の1・3kmで運行を開始したのが初めてです。都市交通機関としては1932（昭和7）年に京都で開業。戦後になって東京、横浜、名古屋、大阪などでも営業を開始しています。しかし架線の下しか走れないため、道路交通量の増加とともに妨げになり、また性能の良いエンジンを搭載した大型バスが開発されたことなどから、順次廃止され、国内唯一の存在だった、立山黒部アルペンルートも2019（平成31）年4月、電気バスに変更されました。

要点BOX

- ●軌道の保守・整備は不要
- ●道路交通量の増加に対応できず
- ●高性能の大型バスの登場で苦境に

トロリーバス

1957(昭和32)年、池袋駅東口。　(東京都提供)

(リトアニア・ヴィリニュスにて)
路面電車がないヴィリニュスでは、今も都市の主要交通機関です。

66 「鉄輪式」と「浮上式」に分かれるリニア

磁石のS極とS極の反発、S極とN極の吸引が原理

電車などに使われている電動機（モーター）は、コイルと永久磁石を組み合わせ、軸を持つ電機子（ローター）と、それを取り囲む固定された界磁（ステータ）で構成されています。リニアモーターはステータを切り広げて直線上に並べ、その上をローターが直線的（リニア）に進む、これが原理です。

一口に「リニア」といっても鉄道では、「鉄輪式」と「磁気浮上式」に大きく分かれます。

鉄輪式は、車体の下部に取り付けたリニアモーターに電気を流すと、線路の中央部に敷いた金属製のプレートとの間に磁力が発生し、その吸引力と反発力で推進します。車両の構造は簡素で、かつ大きな駆動力を得られます。このためトンネルの断面を小さくでき、急勾配や急カーブにも強いため、1990（平成2）年開通の大阪市高速電気軌道（大阪メトロ）長堀鶴見緑地線をはじめ、東京都営地下鉄大江戸線など、全国6つの地下鉄で活用されています。

一方の磁気浮上式は、磁石のS極とS極が反発し、逆にS極とN極が引きつけ合う性質を利用して浮上します。このうちJR東海が2027年に開業を目指す、超電導リニアは、ニオブチタン合金を、液体ヘリウムでマイナス269℃まで冷やすと、電気抵抗がゼロになる「超電導現象」を活用した「超電導磁石」を採用しています。

車両側に超電導磁石を搭載し、線路脇のガイドウエイに取り付けられた浮上・案内コイルの電磁石との吸引・反発する作用で、車両を10㎝浮かせます。

さらにガイドウェイには推進コイルも取り付けられており、ここに電流を流し、N極とS極を電気的に切り替えると、車両側の超電導磁石に交互に取り付けられたN極とS極が反発・吸引を繰り返し、列車が前に進みます。

営業運転時の最高速度は時速550㎞で計画されていますが、実験線では同603㎞を記録しています。

要点BOX
- ●車体が小さく、急勾配、急曲線にも強い
- ●浮上式は超電動磁石を活用
- ●実験線での最高速度は時速603㎞

モーターとリニアモーター

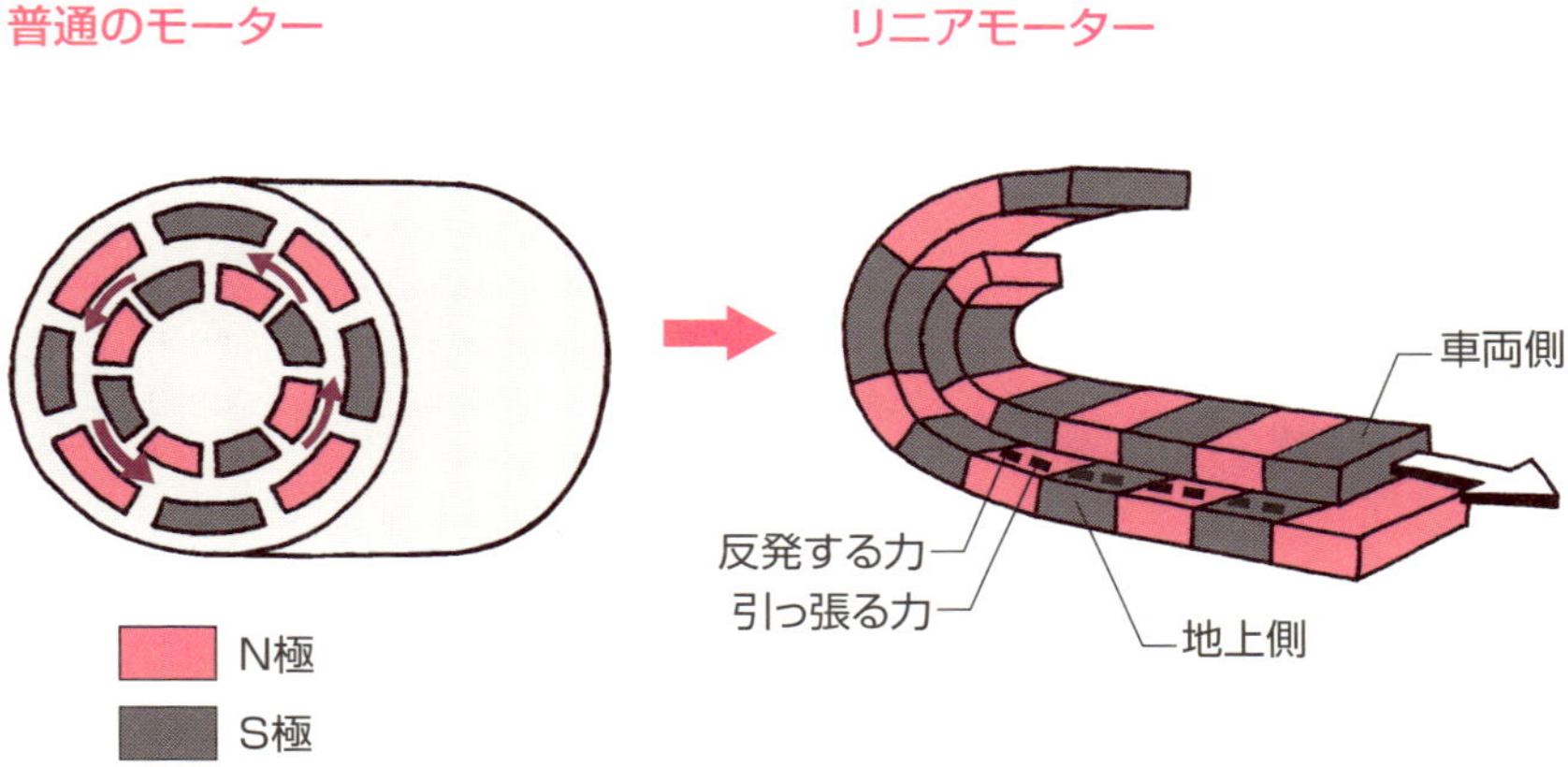

（山梨県立リニア見学センターのホームページを参考に作成）

浮上・案内コイル

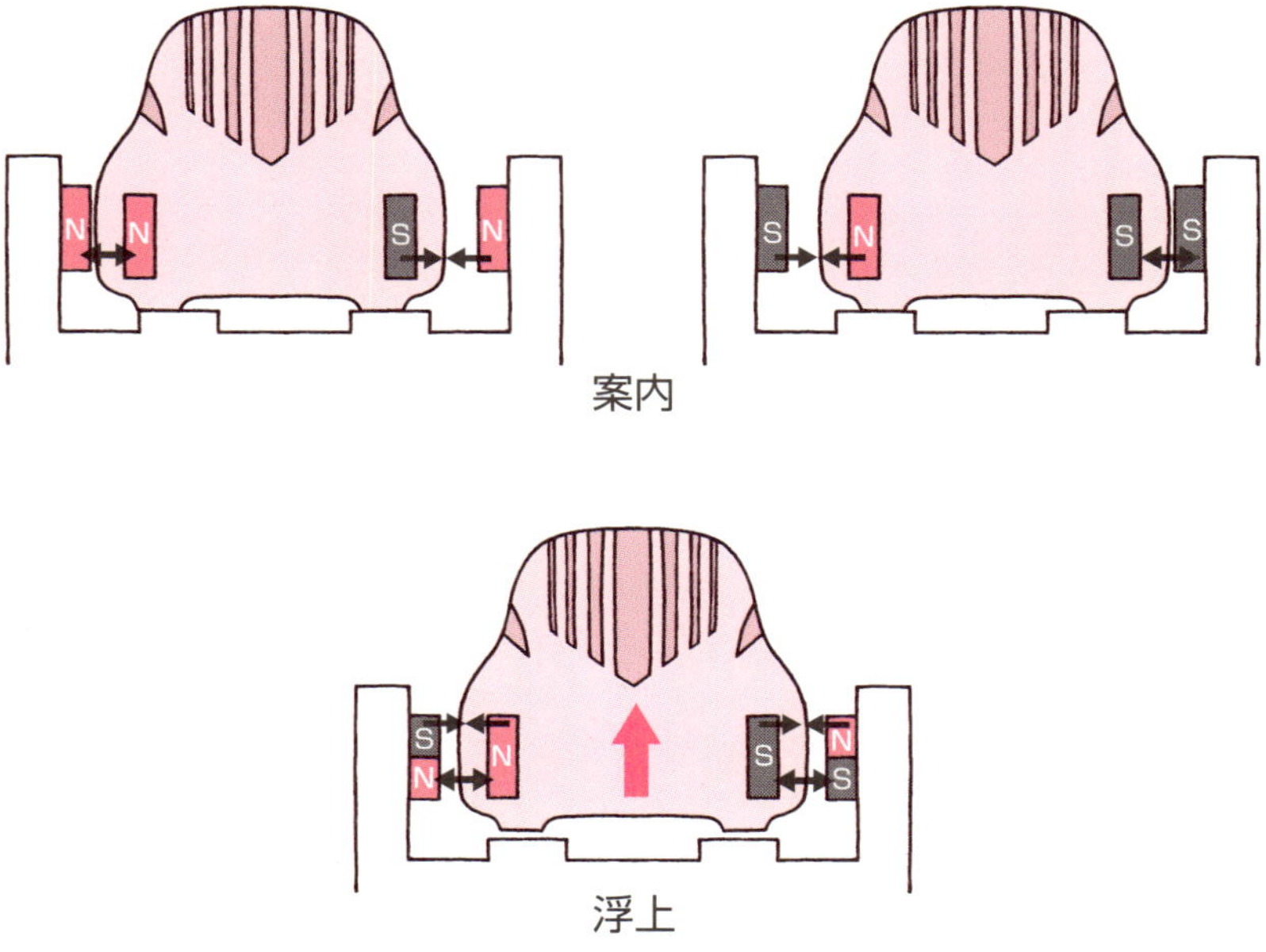

（JR東海のホームページを参考に作成）

Column

信用乗車が誘う、路面電車の大量輸送

夏は暑く、冬は寒い路面電車（LRT）の停留所。それでも最新式の電車が到着。車体の長さは30mもあり、多少混雑しても大丈夫そうだ。さあ乗ろう、と思っても乗車口と書かれた扉はなかなか開きません。ガラス越しに車内を見ると、運転士近くの料金箱にICカードをタッチする人、現金を投入する人などが長蛇の列で、この人たちが降りきらないと乗車口は開かないようです。扉は片側に4つもあり、地下鉄のように一斉に開けば、乗降もあっという間に終り、停車時間も短くて済むのに。信用乗車なら。

セルフ乗車ともいわれるこの方式は、乗客が自ら（セルフ）、車内そこここに設置された、ICカード端末にタッチするか、きっぷの刻印機などで「改札」。事業者側は乗客を完全に「信用」する方式です。

その歴史は意外に古く1960年代にスイスで導入され、その後、その利便性が評価され、ヨーロッパのほとんどの国、さらにはアメリカでも取り入れられてきました。しかし日本は1950年代にワンマン運転をはじめましたが、車掌が乗車していた時と同様に、運転士がそれを担うことが、今日まで頑なに維持されてきました。それがLRT車両の長大編成の導入をためらわせ、全体の輸送力の伸びを抑え、路面電車の普及そのものの足かせになってきました。

運転士が徴収しないと皆ただ乗りする。そうでしょうか。ヨーロッパは、LRTはもちろん、一般の鉄道も、改札口が存在しない国がほとんどです。それでも不正乗車は2％程度といいます。その影には抜き打ちの検札があり、不正客からは有無をいわさず、高額の罰金をとる制度があるのも事実です。しかしほとんどの乗客の「利便性の高い公共交通を支えるために信用乗車に協力する」、という意識が信用乗車を支えています。

そんな中、日本でも信用乗車の光は見えてきました。富山ライトレール（富山市）が、ICカードの乗客に限りますが、信用乗車を導入。さらに広島電鉄（広島市）も、2018（平成30）年5月から、一部の車両で同様の扱いを開始しています。

さらに2022年開業予定の宇都宮ライトレール（宇都宮市）は、新造する全長約30mの車両に片側4つの乗降口を設け、そのすべてにICカードリーダーを設置すると発表しました。

信用乗車で利便性が向上したLRTのこれからが楽しみです。

【参考文献】

昭和鉄道高校「図解・鉄道のしくみと走らせ方」（2007年9月21日）かんき出版
新曜社「70年のあゆみ」（2016年10月1日）（株）新曜社
鉄道総研教育講座「車両応用技術講座」（2001年11月）公益財団法人鉄道総合技術研究所
鉄道の百科事典編纂委員会「鉄道の百科事典」（2012年1月30日）丸善出版
東洋電機製造100年史編集委員会「東洋電機製造百年史」（2018年11月30日）東洋電機製造（株）
「ファインシンター60年史」（2013年3月）（株）ファインシンター
「抄史」（1998年9月8日）（株）ユタカ製作所
阿部　智・持永　芳文「案内軌条式新交通システム」（2018年10月）オーム社
飯田　秀樹・加我　敦「インバータ制御電車概論」（2003年8月1日）電気車研究会
石田　正治・山田　俊明「鉄道の博物誌」（2017年4月10日）秀和システム
沖中　忠順・福田　静二「京都市電が走った街　今昔」（JTBキャンブックス）
鬼　憲治・北原　勇「鉄道総研だより 38番分岐器の技術開発」（1996年10月号新線路第50巻第10号）鉄道現業社
小島　英俊「鉄道快適化物語」（2018年9月20日）創元社
所澤　秀樹「列車愛称の謎」（2002年9月10日）山海堂
野元　浩「電車基礎講座」（2012年3月31日）交通新聞社
丸山　元祥「保線関係用品のからくり、ポイントの構造と種類」（2011年2月新線路第65巻第2号通巻767号）鉄道現業社
宮本　昌幸「図解・電車のメカニズム　通勤電車を徹底解剖」（2009年12月20日）講談社ブルーバックス
三宅　俊彦「特殊仕様車両『食堂車』」（2012年8月27日）講談社
椎橋　章夫「ICカードと自動改札」（2015年4月8日）公益財団法人交通研究協会
山口　正人・横関　政洋「［改訂版］徹底解説　電動機・発電機の理論」（2015年9月1日）EnergyChord
青田　孝「ゼロ戦から夢の超特急」（2009年10月15日）交通新聞社新書
青田　孝「鉄道を支える匠の技」（2019年6月14日）交通新聞社新書

列車の愛称に多いのは、昼は鳥、夜は星座

新婚列車に「こだま」はよくない？

日本初の電車特急に付けられた愛称は「こだま」。それは東京～神戸間の日帰りを強調するために「行って帰る」との意味が込められていました。この「こだま」形電車は1959（昭和34）年、皇太子明仁親王（現在の上皇）と、正田美智子妃（現在の上皇后）との結婚式の当日の4月10日と12日に、東京～伊東間で臨時準急として使われました。これが同形唯一の準急運用ですが、問題は愛称です。さすがに「行って帰る」は、婚礼記念にはと、「ちよだ」になりました。

「こまだ」の愛称は新幹線にも引き継がれますが、ここで、後の列車の愛称の付け方に大きく影響を与える方法がとられました。速達タイプを「ひかり」、各駅停車を「こだま」と2つだけの愛称に限り、列車個々の識別は、発車順に、下りは奇数、上りは偶数の番号を与付。これは在来線でも踏襲されるようになります。

日本で初めて列車に愛称が付けられたのは1929（昭和4）年9月で、東京～下関間に運転されていた特別急行列車に「富士」「櫻」と命名したのが嚆矢《こうし》となります。実はこの名は一般公募で決まりました。当時、第一次世界大戦後の不況などで、旅客輸送も伸び悩み、国鉄の運営母体、鉄道省もその対策に追われていました。その一環として、列車名を広く一般の人々から募集し、鉄道に関心を持ってもらおうと考えた訳です。

温存された愛称「つばめ」

同年8月、「東京下関間特別急行列車につける名前を募集いたします」との広告を駅に張り出し、食堂車の車内ではチラシも配られました。これが予想以上の反響をよび、応募総数は約2万通にも達しました。集まった名前は、多い順から「富士」「燕」「櫻」「旭」「隼」「鳩」「大和」「鷗」「千鳥」「疾風」「敷島」「菊」「梅」「稲妻」「宮島」「鳳」「東風」「雁」と続きます。中には現在も走っている名前も散見しますが、国鉄はこの中から1等車と2等車のみの編成の「日本一豪華な列車」に「富士」、3等車のみの、いわば大衆向け

の列車に「櫻」を採用しました。
なぜ、2位の「燕」が落選したのか気になるところですが、実は国鉄は温存したのです。翌1930（昭和5）年、それまでより東京～神戸間を2時間40分も短縮し、約9時間で結び、「超特急」と呼ばれた列車が「燕」と命名されています。

その後は、特急列車には日本を象徴する鳥の名前が、昼間の急行列車には「浪速」「越後」など、古い地域名と山の名が、そして夜行急行には星座名が多く用いられるようになります。

愛称を付けた列車は、戦後しばらくは機関車が牽引する列車ばかりでした。ところが1950（昭和25）年、国鉄は初の中長距離用電車、のちに「湘南電車」と呼ばれる、80系の製造を開始します。同電車は車内設備が良好だったこともあり、同年、東京～熱海間の準急「あまぎ」「いでゆ」「はつしま」に投入されます。さらに1957（昭和32）年10月からは、名古屋～大阪間で運行を開始した「比叡」と、東京～名古屋間の「東海」でも使われ、電車による優等列車が一気に花開くことになります。

長続きしなかった「へいわ」

ところで、愛称に「へいわ」は3回使われたことがあります。最初は戦後すぐの1949（昭和24）年、東京～神戸間で運行を開始。しかし翌年には「つばめ」に改称されます。その後、1958（昭和33）年、東京～長崎間、1961（昭和36）年に大阪～広島間のそれぞれ特急に採用されますが、どちらも1年足らずで消えてしまいます。残念ながら、列車名でも「平和」を長続きさせることは難しいようです。

こだま
KODAMA

索引

英数

ア

カ

サ

今日からモノ知りシリーズ
トコトンやさしい
電車の本

NDC 546.5

2019年7月30日　初版1刷発行

発行者　井水 治博
発行所　日刊工業新聞社
東京都中央区日本橋小網町14-1
(郵便番号103-8548)
電話　書籍編集部　03(5644)7490
販売・管理部　03(5644)7410
FAX　03(5644)7400
振替口座　00190-2-186076
URL　http://pub.nikkan.co.jp/
e-mail　info@media.nikkan.co.jp
印刷・製本　新日本印刷

●DESIGN STAFF
AD————志岐滋行
表紙イラスト————黒崎　玄
本文イラスト————榊原唯幸
ブック・デザイン——奥田陽子
(志岐デザイン事務所)

●取材協力(アイウエオ順)
小田急電鉄(株)
関東分岐器(株)
(株)高見沢サイバネティックス
ナブテスコ(株)
一般社団法人日本鉄道車両工業会
(株)ファインシンター
山口証券印刷(株)

●
落丁・乱丁本はお取り替えいたします。
2019 Printed in Japan
ISBN　978-4-526-07993-1　C3034

●定価はカバーに表示してあります。

●著者略歴
青田 孝(あおた・たかし)

●略歴
日本大学生産工学部機械工学科で鉄道車両工学を学ぶ。卒業研究として国鉄鉄道技術研究所で1年間研修。卒業後、毎日新聞社に入社。編集委員などを歴任し退職。以後、日本記者クラブ会員としてフリーランスで執筆活動を続けている。

●主な著書
「ゼロ戦から夢の超特急」「箱根の山に挑んだ鉄路」「蒸気機関車の動態保存」「鉄道を支える匠の技」(いずれも交通新聞社新書)など